软件技术系列丛书

高等职业教育“十三五”应用型人才培养精品教材

Web前端开发

——HTML5+CSS3+JavaScript+Vue2

主　编／朱广福　王　芳

副主编／杨溯然　单光庆

西南交通大学出版社

·成　都·

内容简介

本书主要介绍了 Web 前端开发技术，包括 HTML5、CSS3、JavaScript 及 Vue2 等相关技术。全书分为 4 部分，共 8 章。第一部分为 HTML 部分，主要介绍了 HTML 的基本概念、HTML 的基本语法和标签元素的基本用法等内容。第二部分为 CSS 部分，主要介绍了 CSS 的基础知识、基本语法、表格与布局等内容。第三部分为 JavaScript 部分，主要介绍了 JavaScript 基础、操作 BOM、操作 DOM、事件处理等内容。第四部分为 Vue 部分，主要介绍了 Vue 的基础知识、Vue 进阶和综合项目实战等内容。书中介绍的技术均为最新技术，其中 Vue.js 以 2.6.11 版本为基础介绍相关的知识点，Vue-CLI（Vue 脚手架）的版本为 4.1.1，为读者讲解最新的技术知识。

本书适合作为高等职业院校相关专业的教材或相关机构的培训教材，也适合作为 Web 前端开发爱好者的自学用书。

图书在版编目（CIP）数据

Web 前端开发：HTML5+CSS3+JavaScript+Vue2 / 朱广福，王芳主编. 一成都：西南交通大学出版社，2020.10

ISBN 978-7-5643-7789-2

Ⅰ. ①W… Ⅱ. ①朱… ②王… Ⅲ. ①超文本标记语言－程序设计②网页制作工具③JAVA 语言－程序设计 Ⅳ. ①TP312.8②TP393.092.2

中国版本图书馆 CIP 数据核字（2020）第 210230 号

Web Qianduan Kaifa——HTML5+CSS3+JavaScript+Vue2

Web 前端开发——HTML5+CSS3+JavaScript+Vue2

主　编／朱广福　王　芳

责任编辑／李华宇

封面设计／墨创文化

西南交通大学出版社出版发行

（四川省成都市金牛区二环路北一段 111 号西南交通大学创新大厦 21 楼　610031）

发行部电话：028-87600564　028-87600533

网址：http://www.xnjdcbs.com

印刷：四川森林印务有限责任公司

成品尺寸　185 mm × 260 mm

印张　17　　字数　423 千

版次　2020 年 10 月第 1 版　　印次　2020 年 10 月第 1 次

书号　ISBN 978-7-5643-7789-2

定价　39.00 元

课件咨询电话：028-81435775

图书如有印装质量问题　本社负责退换

版权所有　盗版必究　举报电话：028-87600562

前　言

随着互联网+、大数据、人工智能等产业的发展，我们的生活已经离不开互联网，而 Web 前端的开发是人机交互的重要部分。

Web 前端设计主要开发技术包括 HTML、CSS、JavaScript 等，还有最近比较热门的前端开发框架 Vue.js。利用最新的开发技术与框架可以极大地提高 Web 前端的开发效率，降低开发成本。本书旨在帮助读者快速掌握目前最新的 Web 前端开发技术，使 Web 前端设计变得更简易。

本书内容

本书分为 4 部分，共 8 章，具体结构划分及内容如下：

第 1 部分（第 1 ~ 2 章）为 HTML 部分，主要介绍了 HTML5 的基本概念、HTML5 的基本语法和标签元素的基本用法等内容。

第 2 部分（第 3 ~ 4 章）为 CSS 部分，主要介绍了 CSS3 的基础知识、基本语法、表格与布局等内容。

第 3 部分（第 5 章）为 JavaScript 部分，主要介绍了 JavaScript 基础、操作 BOM、操作 DOM、事件处理等内容。

第 4 部分（第 6 ~ 8 章）为 Vue 部分，主要介绍了 Vue2 的基础知识、Vue2 进阶和综合项目实战等内容。

本书编写特点

实用性强：本书把实用作为首要目标，重点选取实际开发工作中积累的知识点与技巧，并对常用知识点重点介绍，目的是使读者快速掌握开发的必备知识。

入门容易：本书思路清晰、语言通俗、操作详尽，希望读者认真阅读，按书中示例认真练习，最终可达到专业开发人员的水平。

系统全面：本书内容从零开始到实战应用，内容丰富、知识全面，介绍了当前 Web 前端开发的主要技术与框架，通过这本书的学习，能快速上手实际项目的开发。

操作性强：本书强调实际操作，书中示例众多并且操作步骤清晰明了，按书中操作步骤就能快速上手。

本书中 Vue.js 以 2.6.11 版本为基础介绍相关的知识点，Vue-CLI（Vue 脚手架）的版本为 4.1.1，为读者讲解最新的技术知识。本书所列出的插图可能会与读者实际环境中的操作界面有所差别，这可能是由于操作系统平台、浏览器版本等不同而引起的，一般不影响学习，在此特别说明。

本书由重庆城市管理职业学院朱广福和重庆商务职业学院王芳担任主编，由重庆城市管理职业学院杨溯然和重庆城市管理职业学院单光庆担任副主编。具体编写分工如下：王芳编写第 1、2 章，杨溯然编写第 3、4 章，单光庆编写第 5 章，朱广福编写第 6、7、8 章，课件的制作由朱广福和杨溯然共同完成。由于作者水平有限，书中难免存在疏漏和不足之处，敬请读者指正。

编　者

2020 年 10 月

目 录

第 1 章 HTML5 简介

1.1 HTML 概述

HTML 的全称是 Hyper Text Markup Language（超文本标记语言），它是互联网上应用最广泛的标记语言。简单地说，HTML 文件就是由 HTML 标记（或 HTML 标签）组合而成，不同的 HTML 标记能表示不同的效果。

HTML 从诞生至今，经历了近 30 年的发展，经历的版本及发布日期见表 1-1。

表 1-1 HTML 语言的发展过程

版　本	发布日期	说　明
HTML1.0	1993 年 6 月	作为互联网工程工作小组（IETF）工作草案发布，非标准
HTML2.0	1995 年 11 月	作为 RFC 1866 发布，在 2000 年 6 月 RFC 2854 发布之后被宣布过时
HTML3.2	1996 年 1 月 14 日	W3C 推荐标准，是 HTML 文档第一个被广泛使用的标准
HTML4.0	1997 年 12 月 18 日	W3C 推荐标准
HTML4.01	1999 年 12 月 24 日	W3C 推荐标准，是 HTML 文档另一个重要的、广泛使用的标准
ISO HTML	2000 年 5 月 15 日	基于严格的 HTML4.01 语法，是国际标准化组织和国际电工委员会的标准
XHTML1.0	2000 年 1 月 26 日	W3C 推荐标准，修订后于 2002 年 8 月 1 日重新发布
XHTML1.1	2001 年 5 月 31 日	较 1.0 有微小改进
XHTML2.0 草案	没有发布	2009 年，W3C 停止了 XHTML2.0 工作组的工作
HTML5 草案	2008 年 1 月	HTML5 规范先是以草案发布，经历了漫长的过程
HTML5	2014 年 10 月 28 日	W3C 推荐标准

1.2 HTML5 的特点

从 HTML4.01、XHTML 到 HTML5，并不是一种革命性的升级，而是一种规范向习惯的妥协，因此 HTML5 并不会带给开发者过多的冲击，开发者会发现从 HTML4.01 过渡到

HTML5 非常轻松。另一方面，HTML5 也增加了很多非常实用的新功能，这些新功能将吸引开发者投入 HTML5 的怀抱。

1.2.1 更明确的语义支持

在 HTML5 以前，如果要表达一个文档结构，只能通过<div>元素来实现。

【示例 1-1】 HTML4 文档结构。

```
1. <div id="header">...</div>
2. <div id="article">
3. ...
4. </div>
```

以上所有页面元素都采用<div>元素来实现，不同<div>元素的 id 不同，不同 id 的<div>元素代表不同含义，但这种采用<div>布局的方式导致缺乏明确的语义，因为所有内容都是<div>元素。

HTML5 则为上述页面提供了更明确的语义元素，此时可以将上述页面片段改为以下形式。

【示例 1-2】 HTML5 文档结构。

```
1. <header...</header>
2. <article>
3. ...
4. </aritcle>
```

这样就可以提供更清晰的语义了。

另外，HTML5 之前可能会通过<em>元素来表示“被强调”的内容，但无法表达是哪一种强调；HTML5 则可以通过<time>元素强调被标记的日期或时间，<mark>元素强调被标记的文本。

1.2.2 部分代替了原来的 JavaScript

HTML5 增加了一些可以部分代替 JavaScript 的功能，而这些功能只需要通过为标签增加一些属性即可实现。

【示例 1-3】 HTML4 打开一个页面后立即让某个单行文本框获得输入焦点。

```
1. <body>
2. 图书：<input type="text" name="book" id="name"/><br/>
3. 价格：<input type="text" name="price" id="name"/>
4. <script type="text/javascript">
5.     document.getElementById("price").focus();
6. </script>
7. </body>
```

上面的片段需要通过 JavaScript 代码来完成整个功能，但是在 HTML5 中只需要设置一个属性即可。

【示例 1-4】 HTML5 打开一个页面后立即让某个单行文本框获得输入焦点。

```
1. <body>
2. 图书：<input type=text name=book/><br/>
3. 价格：<input type=text autofocus name=price/>
4. </body>
```

对比不难发现，使用 HTML5 之后要简洁得多。

除了示范的 autofocus 之外，HTML5 还支持其他一些属性，例如输入校验的属性，以前必须通过 JavaScript 来完成，现在只需要设置一个 HTML5 属性即可。

1.2.3 增强了 Web 应用程序的功能

一直以来，HTML 页面的功能被死死地限制着：客户端从服务器下载 HTML 页面数据，浏览器负责呈现这些 HTML 页面数据。出于对客户机安全性的考虑，以前的 HTML 在安全性方面确实做得足够安全。

当 HTML 页面做得太安全之后，开发就需要通过 JavaScript 等其他方式来增加 HTML 的功能。换句话说，HTML 对 Web 程序而言功能太单薄了，例如上传文件时不能同时选择多个文件（前端开发者不得不通过 Flash、JavaScript 等各种技术来克服这个困难），为了弥补这种不足，HTML5 规范增加了不少新的 API（应用程序接口），如 HTML5 新增的本地存储 API、文件访问 API、通信 API 等，极大地增强了 Web 应用程序的功能，而各种浏览器正在努力实现这些 API 功能，在未来的日子里，使用 HTML5 开发 Web 应用将更加轻松。

1.2.4 解决跨浏览器问题

对于有过实际开发经验的前端程序员来说，跨浏览器问题绝对是一个永恒的“噩梦”：明明在一个浏览器中可以正常运行的 HTML+CSS+JavaScript 页面，换一个浏览器之后，可能会出现很多问题，如页面布局混乱、JavaScript 运行出错等。因此，前端程序员在开发 HTML+CSS+JavaScript 页面时，往往会先判断对方浏览器，然后根据对方浏览器编写不同的页面代码。

HTML5 的出现可能会改变这种局面，目前各种主流浏览器（如 Edge、Internet Explorer、Chrome、Firefox、Opera、Safari）都表现出对 HTML5 的极大热情。

无论是 Internet Explorer 等早期主流的浏览器，还是之前不那么流行的浏览器（如 Firefox、Opera 等），它们在浏览器市场上的竞争白热化，因此尽快全面地支持 HTML5 规范成为它们快速抢占市场的“杀手锏”。微软为了更好地跟上时代，甚至重新开发了一个新浏览器 Edge，用于取代原有的 Internet Explorer。

在 HTML5 以前，各浏览器对 HTML、JavaScript 的支持很不统一，造成了同一个页面在不同浏览器中的表现不同。HTML5 的目标是详细分析各浏览器所具有的功能，并以此为基础制定一个通用规范，并要求各浏览器能支持这个通用标准。

1.3 HTML5 的基本结构和语法

1.3.1 HTML5 文档的基本结构

对于一份基本的 HTML5 文档而言，它具有如下结构。

【示例 1-5】 HTML5 文档结构。

```
1. <!DOCTYPE html>
2. <html>
3. <head>
4. <title>页面标题</title>
5. <meta http-equiv="Content-Type" content="text/html; charset="UTF-8">
6. <!--此处还可插入其他 meta、样式单等信息 -->
7. </head>
8. <body>
9. 页面内容
10. </body>
11. </html>
```

HTML5 文档的根元素是<html>，这是固定不变的内容，在<html>元素里包含<head>和<body>两个子元素。<head>元素主要定义 HTML5 文档的页面头，其中<title>元素用于定义页面标题，在<head>元素中定义 meta、样式单等信息；<body>元素用于定义页面主体，包括页面的文本内容和绝大部分标签。

1.3.2 HTML5 的基本语法

1．内容类型

HTML5 的文件扩展名为“.html”或“.htm”，内容类型（ContentType）为“text/html”。

2．文档类型

DOCTYPE 命令声明文档的类型，它是 HTML 文档必不可少的组成部分，且必须位于代码的第一行。

在 HTML5 中，一份文档会适用于所有版本的 HTML。

【示例 1-6】 DOCTYPE 代码。

```
1. <!DOCTYPE html>
```

当使用工具时，也可以在 DOCTYPE 声明中加入 SYSTEM 识别符。

【示例 1-7】 加入 SYSTEM 识别符的代码。

```
1. <!DOCTYPE HTML SYSTEM "about;legacy-compat">
```

在 HTML5 中，DOCTPYE 声明方式是不区分大小写的，引号也不区分是单引号还是双引号。同时，使用 HTML5 的 DOCTYPE 会触发浏览器以标准模式显示页面。

3．字符编码

在 HTML5 中，使用 meta 元素定义文档的字符编码，并简化了 charset 属性的写法，对于文件的字符编码推荐使用 UTF-8。

【示例 1-8】 字符编码。

```
1. <meta charset="UTF-8">
```

4．标记省略

在 HTML5 中，元素的标记可以省略。

元素的标记分为 3 种类型：不允许写结束标记、可以省略结束标记、开始标记和结束标记全部可以省略。

（1）不允许写结束标记的元素：area、base、br、col、command、embed、hr、img、input、keygen、link、meta、param、source、track、wbr。

不允许写结束标记的元素是指，不允许使用开始标记与结束标记将元素括起来的形式，只允许使用<元素/>的形式进行书写。

【示例 1-9】 错误的书写。

```
1. <br></br>
```

【示例 1-10】 正确的书写。

```
1. <br/>
```

（2）可以省略结束标记的元素：li、dt、dd、p、rt、rp、optgroup、option、colgroup、thead、tbody、tfoot、tr、td、th。

（3）可以省略全部标记的元素：html、head、body、colgroup、tbody。

可以省略全部标记的元素是指，开始标记和结束标记可以完全被省略。需要注意，即使标记被省略了，该元素还是以隐式的方式存在的。例如，将 body 元素省略不写时，它在文档结构中还是存在的，可以使用 document.body 进行访问。

5．布尔值

对于具有 boolean（布尔）值的属性，如 disabled 与 readonly 等，当只写属性而不指定属性值时，表示属性值为 true；如果想要将属性值设为 false，可以不使用该属性。另外，要想将属性值设定为 true 时，也可以将属性名设定为属性值，或将空字符串设定为属性值。

【示例 1-11】 几种正确的书写。

```
1. <!--只写属性，不写属性值，代表属性为true-->
2. <input type="checkbox" checked>
3. <!--不写属性，代表属性为false-->
4. <input type="checkbox">
5. <!--属性值=属性名，代表属性为true-->
6. <input type="checkbox" checked="checked">
```

```
7. <!--属性值=空字符串，代表属性为true-->
8. <input type="checkbox" checked="">
```

6．属性值

属性值两边可以用双引号，也可以用单引号。HTML5 中，当属性值不包括空字符串、<、>、=、单引号、双引号等字符时，属性值两边的引号可以省略。

【示例 1-12】 以下都是正确的写法。

```
1. <input type="text">
2. <input type='text'>
3. <input type=test>
```

1.4 本章小结

本章主要介绍了 HTML 的基本概念、特点以及 HTML5 的基本结构和语法。本章的重点是 HTML5 的基本结构和语法。

第 2 章　HTML5 的元素与属性

2.1　常用元素

元素是针对特定内容、结构或特性定义的，具体分为结构元素、内容元素和修饰元素等。

2.1.1　结构元素

结构元素用于构建网页文档的结构，多指块状元素，具体说明如下：

<!--…-->：定义 HTML 注释。位于<!--与-->之间的内容会被当成注释处理。

html：文档的根元素。在 HTML5 中允许完全省略。

head：定义文档的页面头。在 HTML5 中允许完全省略。

title：定义文档的页面标题。

body：定义文档的页面主体部分。

div：在文档中的节。可以指定 id、class、onclick 等各种属性。

span：与 div 相似。区别是 span 只表示一段一般性文本，其内容默认不会换行。

ol：根据一定的排序进行列表。

ul：没有排序的列表。

li：每条列表项。

dl：以定义的方式进行列表。

dt：定义列表中的词条。

dd：对定义的词条进行解释。

del：定义删除的文本。

ins：定义插入的文本。

h1～h6：标题 1～标题 6，定义不同级别的标题。

p：定义段落结构。

hr：定义水平线。

header：表示页面中一个内容区块或整个页面的标题。

footer：表示整个页面或页面中一个内容区块的脚注。一般来说，包含创作者的姓名、联系信息及创作日期。

section：表示页面中的一个内容区块，如章节、页眉、页脚或页面中的其他部分，可以与 h1～h6 等元素结合使用，标示文档结构。

article：表示页面中的一块与上下文不相关的独立内容。如 blog 中的一篇文章。

aside：表示 article 元素的内容之外的、与 article 元素的内容相关的辅助信息。

nav：表示页面中导航链接的部分。

main：表示网页中的主要内容。主要内容指与网页标题或应用程序中本页面主要功能直接相关或进行扩展的内容。

figure：表示一段独立的流内容，一般表示文档主体流内容中的一个独立单元。

【示例 2-1】 包含各种结构元素的代码。

```
1. <!DOCTYPE html>
2. <html>
3. <head>
4.     <meta http-equiv="Content-Type" content="text/html; charset=UTF-8" />
5.     <title>结构元素</title>
6. </head>
7. <body>
8.     <!--使用标题一到标题六来输出文本-->
9.     <h1>HTML5 元素与属性</h1>
10.    <h2>常用元素</h2>
11.    <h3>结构元素</h3>
12.    <!--输出一条水平线-->
13.    <hr />
14.    <!--使用三个 span 定义一段文本-->
15.    <span>HTML5</span><span>CSS3</span><span>JavaScript</span>
16.    <!--输出换行-->
17.    <br />
18.    <!--使用三个 div 定义三节-->
19.    <div>HTML5</div><div>CSS3</div><div>JavaScript</div>
20.    <!--使用三个 p 定义三个段落-->
21.    <p>HTML5<p>CSS3<p>JavaScript
22. </body>
23. </html>
```

代码运行效果如图 2-1 所示。

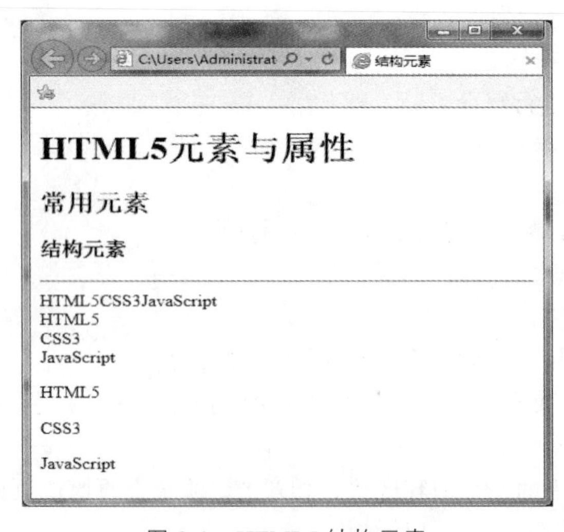

图 2-1 HTML5 结构元素

2.1.2 内容元素

a：定义超链接。
abbr：定义缩写词。
acronym：定义取首字母的缩写。
address：定义地址。
dfn：定义条目。
kbd：定义键盘键。
samp：定义样本。
var：定义变量。
tt：定义打印机字体。
code：定义计算机源代码。
pre：定义预定义格式文本，保留源代码格式。
blockquote：定义大块内容引用。
cite：定义引文。
q：定义引用短语。
strong：定义重要文本。
em：定义文本为重要。

2.1.3 修饰元素

b：定义粗体。
i：定义斜体。
em：定义强调文本，实际效果与斜体文本差不多。
big：定义文本增大。
small：定义文本缩小。
sup：定义文本上标。
sub：定义文本下标。
bdo：定义文本显示方向，该元素应该指定 dir 属性，属性值只能是 ltr 或 rtl。
br：定义换行。

以上这些元素能包含文本、图像、超链接、表单控件元素等，还可以和<span>元素相互包含。

【示例 2-2】 包含修饰元素的代码。

```
1. <!DOCTYPE html>
2. <html>
3. <head>
4.     <meta http-equiv="Content-Type" content="text/html; charset=UTF-8" />
5.     <title>修饰元素</title>
```

```
6. </head>
7. <body>
8.     <span><b>加粗文本</b></span><br />
9.     <span><i>斜体文本</i></span><br />
10.    <span><b><i>加粗斜体文本</i></b></span><br />
11.    <span><em>被强调的文本</em></span><br />
12.    <small><span>小号字体文本</span></small><br />
13.    <div>普通文本<sup>上标文本</sup></div>
14.    <span>普通文本<b><sub>下标加粗文本</sub></b></span><br />
15.    <!--指定文本从左向右排列-->
16.    <bdo dir="ltr">从左向右排列的文本</bdo><br />
17.    <!--指定文本从右向左排列-->
18.    <bdo dir="rtl">从右向左排列的文本</bdo><br />
19. </body>
20. </html>
```

代码运行效果如图 2-2 所示。

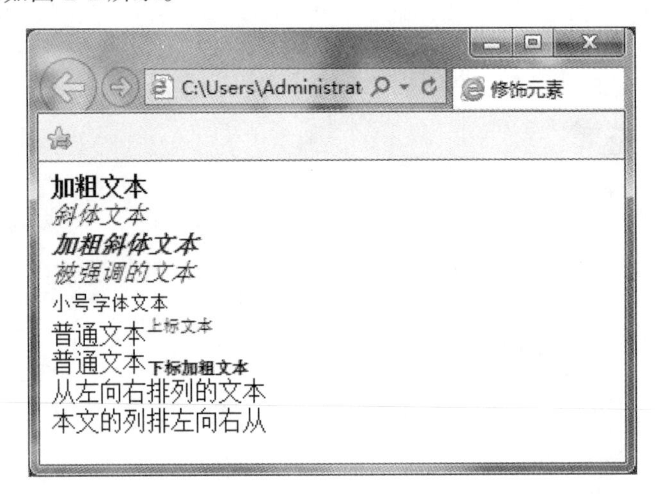

图 2-2　HTML5 修饰元素

2.1.4　功能元素

hgroup：用于对整个页面或页面中一个内容区块的标题进行组合。

video：定义视频。

audio：定义音频。

embed：用于插入各种多媒体，格式可以是 MIDI、WAV、AIFF、AU、MP3 等。

mark：用于在视觉上向用户呈现需要突出或高亮显示的文字。

dialog：定义对话框或窗口。

figcaption：定义 figure 元素的标题。

time：表示日期或时间，也可以同时表示两者。

canvas：表示图形，如图表和其他图像。这个元素本身没有行为，只提供一块画布，它把一个绘图 API 展现给客户端 JavaScript，以使脚本能够把想绘制的东西绘制到这块画布上。

output：表示不同类型的输出。

source：为媒介元素定义媒介资源。

menu：表示菜单列表。

command：表示命令按钮，如单选按钮、复选框等。

details：表示用户要求得到并且可以得到的细节信息。它可以和 summary 元素配合使用。summary 元素提供标题，标题是可见的，用户单击标题时，会显示出细节信息。summary 元素应该是 details 元素的第一个子元素。

summary：为 details 元素定义可见的标题。

datalist：表示可选数据的列表，与 input 元素配合使用，可以制作出输入值的下拉列表。

datagrid：表示可选数据的树形列表。

keygen：表示生成密钥。

progress：表示运行中的进程，可以用来显示 JavaScript 中耗费时间的函数的进程。

meter：度量给定范围内的数据。

track：定义用在媒体播放器中的文本轨道。

2.1.5 表单元素

form：用于生成输入表单，该元素不会生成可视化部分。一般其他表单控件（如单选文本框、单选按钮、多选按钮、下拉框等）都放在<form>元素之内。

input：是表单控件元素中功能最丰富的，可通过 type 属性生成不同类型的控件，包括单选文本框（type="text"）、密码输入框（type="password"）、隐藏域（type="hidden"）、单选框（type="radio"）、复选框（type="checkbox"）、图像域（type="image"）、文件上传域（type="file"）、按钮（type="button"）等。

label：用于在表单中定义文本标签，这些标签可以对其他可生成请求参数的表单元素进行说明。

button：用于定义一个按钮，在<button>元素的内部可以包含普通文本、文本格式化标签、图像等内容，这也是与<input type="button">按钮的不同之处。

select：用于创建列表框或下拉列表框，该元素必须和<option>元素结合使用，每一个<option>元素代表一个列表项或菜单项。

textarea：用于生成多行文本域。它可以指定文本域宽度（cols）、文本域高度（rows）和文本域最多可输入的字符数（maxlength）等属性。

fieldset：用于对表单内控件进行分组。

2.2 通用属性

2.2.1 核心属性

class：定义类规则或样式规则。

id：定义元素的唯一标识。

style：定义元素的样式声明。

以下元素不拥有核心属性：html、head、title、base、meta、param、script、style。

2.2.2 语言属性

lang：定义元素的语言代码或编码。其属性值应该是符合标准的语言代码，如 zh 代表中文、en 代表英语、fr 代表法语、ja 代表日文等。

dir：定义文本方向，包括 ltr 和 rtl 取值，分别表示从左向右和从右向左。

以下元素不拥有语言属性：framset、frame、iframe、br、hr、base、param、script。

【示例 2-3】 dir 属性。

```
1. <body>
2. <div dir="ltr">测试内容 dir 设为 ltr</div>
3. <div dir="rtl">测试内容 dir 设为 rtl</div>
4. </body>
```

代码运行效果如图 2-3 所示。

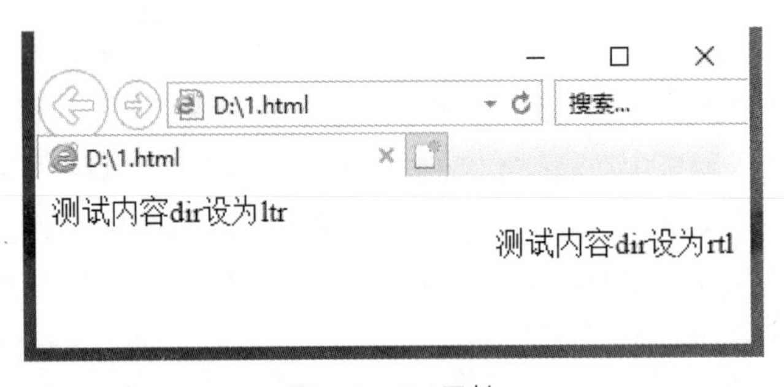

图 2-3 dir 属性

2.2.3 键盘属性

键盘属性定义元素的键盘访问方法，包括两个属性：

accesskey：定义访问某元素的键盘快捷键。

tabindex：定义元素的 Tab 键索引编号。

使用 accesskey 属性可以使用快捷键（Alt+字母）访问指定的 URL，但是浏览器不能很好地支持，在 IE 中仅激活超链接，需要配合 Enter 键确定。

tabindex 属性用来定义元素的 Tab 键访问顺序，可以使用 Tab 键遍历页面中的所有链接和表单元素。遍历时会按照 tabindex 的大小决定顺序，当遍历到某个链接时，按 Enter 键可打开链接页面。

2.2.4 内容属性

内容属性定义元素包含内容的附加信息，这些信息对于元素来说具有重要补充作用，避免元素本身包含信息不全而被误解。

alt：定义元素的替换文本。如当浏览器被禁止显示、不支持或无法下载图像时，通过替换文本给那些不能看到图像的用户提供文本说明。

title：定义元素的提示文本。

longdesc：定义元素包含内容的大段描述信息。

cite：定义元素包含内容的引用信息。

datetime：定义元素包含内容的日期和时间。

【示例 2-4】 title 属性。

```
1.  <head>
2.      <title>title 属性</title>
3.  </head>
4.  <body>
5.  <div title="测试标题">测试内容</div>
6.  </body>
```

代码中<div>元素指定了 title 属性，通过这种方式可为其提供提示文本，当用户将鼠标移动到这些元素上时，浏览器会显示 title 的属性值，如图 2-4 所示。

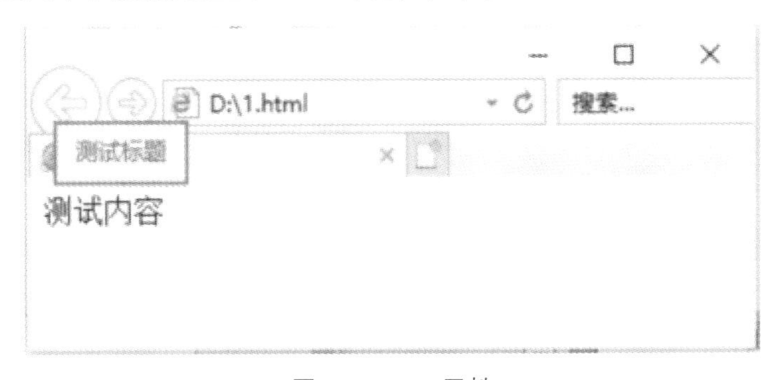

图 2-4 title 属性

2.2.5 表单属性

autofocus：input(type=text)、select、textarea 与 button 元素的属性，它以指定属性的方式让元素在画面打开时自动获得焦点。

placeholder：为 input(type=text)与 textarea 元素的属性，它会对用户的输入进行提示，提示用户可以输入的内容。

form：input、output、select、textarea、button 与 fieldset 的属性，声明它属于哪个表单，然后将其放置在页面上任何位置，而不是表单之内。

required：input(type=text)与 textarea 元素的属性。表示在用户提交的时候进行检查，检查该元素内一定要有输入内容。

novalidate：input、button、form 元素的属性，可以取消提交时进行的有关检查，表单可以被无条件地提交。

2.2.6 链接属性

media：a 与 area 元素的属性，规定目标 URL 是为了什么类型的媒介或设备进行优化的，只能在 href 属性存在时使用。

hreflang 与 rel：使 area 元素保持与 a 元素和 link 元素的一致。

sizes：link 元素的属性，可以与 icon 元素结合使用，指定关联图标的大小。

target：使 base 元素保持与 a 元素的一致。

2.2.7 其他属性

reversed：ol 元素的属性，指定列表倒序显示。

charset：meta 元素的属性，为文档的字符编码指定提供了一种比较良好的方式。

label：menu 元素的属性，为菜单定义一个可见的标注。

type：munu 元素的属性，让菜单能够以上下文菜单、工具条、列表菜单三种形式出现。

scoped：style 元素的属性，用来规定样式的作用范围，如只对页面上某个树起作用。

async：script 元素的属性，定义脚本是否异步执行。

manifest：html 元素的属性，开发离线 Web 应用程序时它与 API 结合使用，定义一个 URL 在这个 URL 上描述文档的缓存信息。

另外，sandbox、seamles 和 srcdoc 是 iframe 元素的属性，用来提高页面安全性，防止不信任的 Web 页面执行某些操作。

2.3 本章小结

本章详细介绍了 HTML 的常用元素和常用属性。常用元素按结构元素、内容元素、修饰元素、功能元素和表单元素等分类介绍，有助于理解与记忆，通用属性按核心属性、语言属性、键盘属性、内容属性、表单属性、链接属性和其他属性分类进行介绍。学习本章后要求学生能够正确地使用各元素及属性编写格式正确的 HTML 文档。

第 3 章　CSS 样式

3.1　CSS 概述

CSS 是 Cascading Style Sheet 的缩写，译为“层叠样式表”或“级联样式表”。CSS 定义如何显示 HTML 的标签样式，用于设计网页的外观效果。通过使用 CSS 实现页面的内容与表现形式分离，极大地提高了工作效率。

20 世纪 90 年代初，HTML 语言诞生。早期的 HTML 只含有少量的显示属性，用来设置网页和字体效果。随着互联网的发展，为了满足日益丰富的网页设计需求，HTML 不断添加了各种显示标签和样式属性，同时也出现一个问题：网页结构和样式混用让网页代码变得非常混乱，代码冗余增加了带宽负担，代码维护也变得苦不堪言。

1994 年初，哈坤（Hakon Wium Lie）提出了 CSS 的最初建议。波斯（Bert Bos）当时正在设计一款 Argo 浏览器，于是他们一拍即合，决定共同开发 CSS。

1995 年，W3C（World Wide Web Consortium，万维网联盟）组织刚刚成立，对 CSS 的前途很感兴趣，为此组织了一次讨论会。

1996 年底，CSS 语言正式完成，12 月 CSS 的第一个版本正式发布。

1998 年 5 月，CSS2 版本正式发布。

2002 年，工作组启动了 CSS2.1 的开发，它是 CSS2 的修订版，旨在纠正 CSS2 版本中的一些错误，并更精确地描述 CSS 的浏览器实现。

2004 年，CSS2.1 正式发布。

2010 年，CSS3 正式推出，它在 CSS2.1 的基础上进行了很多增补与修改，完善了之前存在的一些不足，例如颜色模块增加了色彩校正、透明度等功能，字体模块增加了文字效果、服务器字体支持等，增加了变形和动画模块等。

需要注意的是，目前依然有些浏览器（尤其是 Internet Explorer）对 CSS3 的支持不甚理想。因此，开发者在使用 CSS3 时，应该先评估用户的“紧箍咒”环境是否支持相应的 CSS 版本。

3.2　CSS 的基本使用

CSS 代码可以在任何文本编辑器中打开和编辑，因此初次接触 CSS 时会感到很简单。

3.2.1 CSS 样式

样式是 CSS 最小的语法单元，每个样式都包含两部分：选择器和声明，如图 3-1 所示。

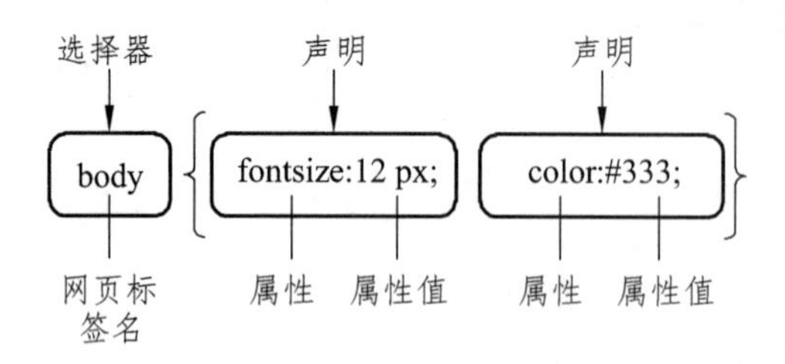

图 3-1 CSS 样式的基本结构

选择器（Selector）：选择器告诉浏览器该样式将作用于页面中的哪些对象，可以是某个标签、所有网页对象、指定的 Class 或 ID 值等。

声明（Declaration）：声明不限制个数，它命令浏览器如何去渲染选择器指定的对象。声明必须包括属性和属性值，并用分号来标识一个声明的结束，在一个样式中最后一个声明可以省略分号。所有声明放置在一对大括号内，然后整体紧跟在选择器后面。

属性（Property）：属性是 CSS 提供的设置好的样式选项。属性名可以由一个单词或多个单词组成，多个单词之间通过连字符相连。这样能够直观表示属性所要设置样式的效果。

属性值（Value）：属性值是用来显示属性效果的参数，包括数值、单位或者关键字。

CSS 语言忽略空格（除了选择器内部），因此可以利用空格来格式化 CSS 源代码，这样在阅读 CSS 源代码时一目了然，既方便阅读，也更容易维护。

任何语言都需要注释，HTML 使用“<!--注释语句>”来进行注释，而 CSS 使用“/*注释语句*/”来进行注释。

【示例 3-1】 定义网页字体大小为 12 像素，字体颜色为深灰色，段落文本背景色为紫色，并加上注释。

```
1. body{
2.     /*字体大小*/
3.     font-size: 12px;
4.     /*字体颜色*/
5.     color: #CCCCCC;
6. }
7. /*段落文本背景颜色*/
8. p { background-color:#FF00FF; }
```

3.2.2 CSS 的应用

CSS 样式代码必须保存在.css 类型的文件中，或者放在网页内<style>标签中，或者插在网页标签的 style 属性值中。CSS 样式应用的方法主要包括以下 4 种方式。

1. 行内样式

把 CSS 样式直接放在代码行内的标签中，一般放入标签的 style 属性中，只对单个标签有效。这是一种最直接的方式，同时也是最不方便修改的方式。

【示例 3-2】 CSS 行内样式。

```
1. <!doctype html>
2. <html>
3. <head>
4.     <meta charset="utf-8">
5.     <title>CSS 行内样式</title>
6. </head>
7. <body>
8.     <p style="background-color:#999900">行内元素，控制段落-1</p>
9.     <h2 style="background-color:#FF6633">行内元素，h2 标题</h2>
10.    <p style=background-color:#999900">行内元素，控制段落-2</p>
11.    <strong style="font-size:30px;">行内元素，strong 比 em 效果要强</strong>
12.    <div style="background-color:#66CC99;
13.    color:#993300;
14.    height:30px;
15.    line-height:30px;">行内元素</div>
16.    <em style="font-size:2em;">行内元素，em 强调</em>
17. </body>
18. </html>
```

代码运行效果如图 3-2 所示。

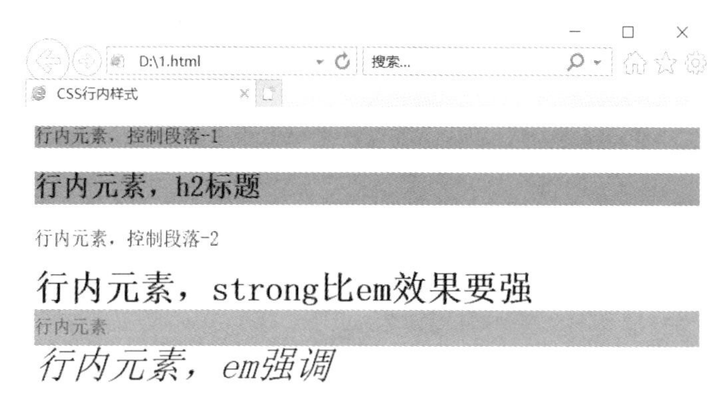

图 3-2 CSS 行内样式

行内样式将 CSS 代码放入 HTML 元素的 style 属性中即可，多个 CSS 属性值则通过分号间隔，如示例中的<div>标签。

段落<p>标签设置背景色为褐色（background-color:#999900）;

标题<h2>标签设置背景色为红色（background-color:#FF6633）;

<strong>标签设置字体为 30 像素（font-size:30px）;

<div>标签设置高度和行高为 30 像素以及进行背景色、颜色设置（background-color: #66CC99; color:#993300;height:30px;line-height:30px;）;

<em>标签设置字体大小为相对单位（font-size:2em;）。

由示例 3-2 可以发现以下缺陷：

（1）每一个标签要设置样式都需要添加 style 属性；

（2）当修改页面时，需要打开每个页面进行修改；

（3）添加如此多的行内样式，页面体积大，浪费服务器带宽和流量。

同时行内样式也有其优点，它可以快速更改当前样式，不必考虑以前编写的样式冲突问题，可以应用于网页的某一部分中。

2．内嵌式

内嵌式通过将 CSS 写在网页源文件的头部，即在<head>和</head>之间，使用 HTML 标签中的<style>和</style>标签。该样式只能在此页使用，可以解决行内样式多次书写的弊端。

【示例 3-3】 CSS 内嵌式样式书写方法。

```
1.  <!doctype html>
2.  <html>
3.  <head>
4.      <meta charset="utf-8">
5.      <title>CSS 内嵌式样式</title>
6.      <style type="text/css">
7.      p{
8.          text-align:left;          /*文本左对齐*/
9.          font-size:18px;           /*字体大小 18 像素*/
10.         line-height:25px;         /*行高 25 像素*/
11.         text-indent:2em;          /*首行缩进 2 个文字大小空间*/
12.         width:500px;              /*段落宽度 500 像素*/
13.         margin:0 auto;            /*浏览器居中*/
14.         margin-bottom:20px        /*段落下边距 20 像素*/}
15.     </style>
16. </head>
17. <body>
18.     <p>新浪（NASDAQ：SINA）新浪公司是一家大型网络媒体公司，成立于 1998 年 12 月，由
    王志东创立，服务全球华人。新浪拥有多家地区性网站。</p>
19.     <p>新浪通过门户网站新浪网、新浪移动和社交媒体微博，帮助广大用户通过计算机和移动
    设备获得专业媒体和用户自生成的多媒体内容（UGC）并与友人进行兴趣分享。</p>
20.     <p>2000 年 4 月 13 日，新浪成功在纳斯达克上市。2017 年 8 月 3 日，2017 年"中国互联网
    企业 100 强"榜单发布，新浪排名第六位。 2019 年 9 月 1 日，2019 中国服务业企业 500 强榜
    单在济南发布，新浪公司排名第 302 位。</p>
```

```
21. </body>
22. </html>
```

页面效果如图 3-3 所示。

D:\1.html
搜索...
CSS内嵌式样式
新浪（NASDAQ：SINA）新浪公司是一家大型网络媒体公司，成立于1998年12月，由王志东创立，服务全球华人。新浪拥有多家地区性网站。
新浪通过门户网站新浪网、新浪移动和社交媒体微博，帮助广大用户通过计算机和移动设备获得专业媒体和用户自生成的多媒体内容（UGC）并与友人进行兴趣分享。
2000年4月13日，新浪成功在纳斯达克上市。2017年8月3日，2017年“中国互联网企业100强”榜单发布，新浪排名第六位。2019年9月1日，2019中国服务业企业500强榜单在济南发布，新浪公司排名第302位。

图 3-3　CSS 内嵌式样式

注意，style 不仅可以定义 CSS 样式，还可以定义 JavaScript 脚本，故使用 style 时需要注意。当 style 的 type 值为 text/css 时，内部编写 CSS 样式；若 style 的 type 值为 text/javascript 时，内部编写 JavaScript 脚本。

3. 链接式

链接式通过 HTML 的<link>标签，将外部样式表文件链接到 HTML 文件中，这也是网站应用最多的方式，也是最实用的方式。这种方法将 HTML 文档和 CSS 文件完全分享，实现结构层和表示层的彻底分离，增强网页结构的扩展性和 CSS 样式的可维护性。

【示例 3-4】　链接式样式的 HTML 代码及 CSS 代码。

HTML 代码：

```
1.  <!doctype html>
2.  <html>
3.  <head>
4.      <meta charset="utf-8">
5.      <title>CSS 链接式样式</title>
6.      <link href="link.css" type="text/css" rel="stylesheet" />
7.      <link href="link2.css" type="text/css" rel="stylesheet" />
8.  </head>
9.  <body>
10.     <p>这是被 link.css 文件控制的</p>
11.     <h1>由<span>link2.css</span>文件决定的样式</h1>
12. </body>
13. </html>
```

link.css 文件代码：

```
1.  p{
2.      color:#FF3333;                        /*字体颜色*/
3.      font-weight:bold;                     /*字体加粗*/
4.      border-bottom:3px dashed #009933;     /*设置下边框线*/
5.      line-height:30px; }                   /*设置行高*/
```

link2.css 文件代码：

```
1.  h1{
2.      font-weight:normal;             /*取消标题默认加粗效果*/
3.      background-color:#66CC99;       /*设置背景色*/
4.      height:50px;                    /*设置标签的高度*/
5.      line-height:50px;}              /*设置标签的行高*/
```

页面效果如图 3-4 所示。

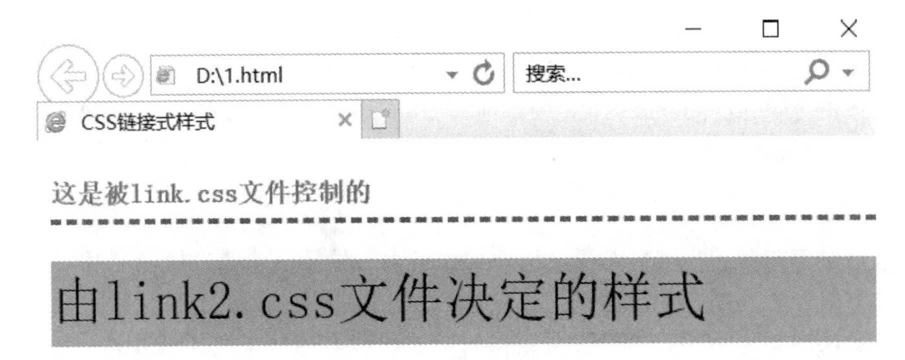

图 3-4　CSS 链接式样式

链接式样式使 CSS 代码和 HTML 代码完全分离，实现结构与样式的分离，使 HTML 代码专门构建页面结构，而美化工作由 CSS 完成。

CSS 文件可以在不同的 HTML 文件中链接，使网站所有页面样式统一；将 CSS 代码放入一个 CSS 文件中也便于管理；当修改 CSS 文件时，所有应用此 CSS 文件的 HTML 文件都将更新，而不必从服务器上将所有的页面取回待修改完毕再上传。

示例 3-4 中的 link.css 和 link2.css 的内容也可以写到一个.css 文件中，这样的 CSS 样式表文档表示一个外部样式表。外部样式表也是一个文本文件。当把 CSS 样式代码复制到一个文本文件中后，另存为.css 文件，它就是一个外部样式表。

我们可以在外部样式表文件顶部定义 CSS 源代码的字符编码。

【示例 3-5】　定义样式表文件的字符编码为 gb2312。

```
1.  @charset "gb2312";
```

如果不设置 CSS 文件的字符编码，可以保留默认设置，则浏览器会根据 HTML 文件的字符编码来解析 CSS 代码。

使用<link>标签导入外部样式表文件时，包括以下 3 个属性。

href：定义样式表文件 URL，可以是相对地址或是绝对地址。

type：定义导入文件类型。

rel：定义文档关联。

外部样式表是 CSS 应用的最佳方案，一个样式表文件可以被多个网页文件引用，一个网页文件也可以导入多个样式表。

4．导入样式

导入样式使用@import 命令导入外部样式表，可以有以下几种书写方式。

```
1. @import import.css;
2. @import "import.css;
3. @import url(import.css);
4. @import url("import.css);
```

值得注意的是，在<style>标签中或在 CSS 外部样式表中，有@import 命令和其他样式同时存在时，需要将@import 写在前面，否则其他样式将无效。

【示例 3-6】 以下代码中的 p{text-indent:3em;}为无效样式。

```
1. p{text-indent:3em;}
2. @import "import.css";
```

3.3 CSS 选择器

CSS 通过选择器控制 HTML 元素，CSS 选择器对网页对象可以实现一对一、一对多或者多对一的匹配。

3.3.1 标签选择器

标签选择器直接引用 HTML 标签名称，也称为类型选择器。类型选择器规定了网页元素在页面中默认的显示样式。因此，标签选择器可以快速、方便地控制页面标签的默认显示效果。

【示例 3-7】 在文档中定义一个标签样式。

```
1. <style type="text/css">
2. p {
3.     font-size:12px;             /* 字体大小为 12 像素 */
4.     color:red;                  /* 字体颜色为红色 */
5. }
6. </style>
```

通过标签选择器，统一定义网页中段落文本的样式：文本字体大小为 12 像素，字体颜色为红色。

在定制网页样式时，可利用标签选择器设计网页元素默认显示效果，或者统一常用元素的基本样式。标签选择器在 CSS 中是使用率最高的一类选择器，容易管理，因为它们都是与网页元素同名的。

3.3.2 类选择器

类选择器能够为网页对象定义不同的样式，实现不同元素拥有相同的样式，或者相同元素的不同对象拥有不同的样式。类选择器以一个点（.）前缀开头，然后跟随一个自定义的类名。

应用类样式可以使用 class 属性来实现，HTML 所有元素都支持该属性，只要在标签中定义 class 属性，然后把该属性值设置为事先定义好的类选择器名称即可。

【示例 3-8】 类选择器的应用。

```
1.  <!DOCTYPE html>
2.  <html>
3.  <head>
4.      <meta http-equiv="Content-Type" content="text/html; charset=utf-8" />
5.      <title>类选择器</title>
6.      <style type="text/css">            /* 定义一个内部样式表 */
7.      p {                                /* 通过标签选择器为所有段落文本定义样式 */
8.         font-size:12px;                 /* 字体大小为 12 像素 */
9.         color:red;                      /* 字体颜色为红色 */
10.     }
11.     .font18px {                        /* 类样式 */
12.        font-size:18px;                 /* 字体大小为 18 像素 */
13.     }
14.     p.font18px {                       /* 指定段落的类样式 */
15.        font-size:24px;                 /* 字体大小为 24 像素 */
16.     }
17.     </style>
18.     </head>
19.     <body>
20.     <div class="font18px">相见时难别亦难，东风无力百花残。</div>
21.     <p class="font18px">春蚕到死丝方尽，蜡炬成灰泪始干。</p>
22.     <p>晓镜但愁云鬓改，夜吟应觉月光寒。</p>
23.     </body>
24.     </html>
```

在浏览器中的显示效果如图 3-5 所示。

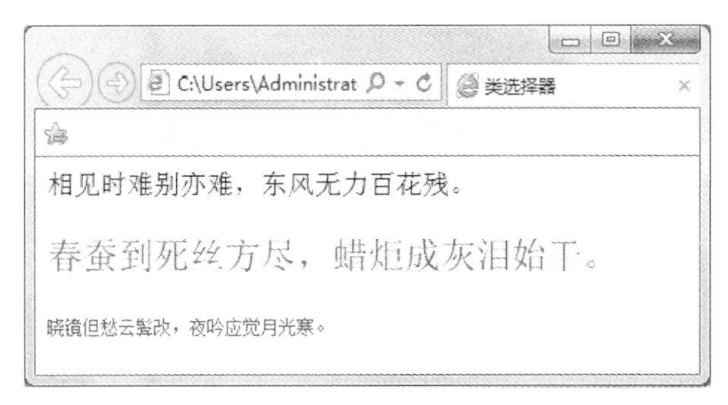

图 3-5　类选择器的应用效果

3.3.3　ID 选择器

ID 选择器以井号（#）为前缀，然后是一个自定义的 ID 名。应用 ID 选择器可以使用 id 属性来实现，HTML 所有元素都支持该属性，只要在标签中定义 id 属性，然后把该属性值设为事先定义好的 ID 选择器名称即可。

【示例 3-9】　ID 选择器的应用。

```
1.  <!DOCTYPE html>
2.  <html>
3.  <head>
4.     <meta http-equiv="Content-Type" content="text/html; charset=utf-8" />
5.     <title>ID 选择器</title>
6.     <style type="text/css">          /* 定义一个内部样式表 */
7.     div {
8.        width:200px;                  /* 宽度为 200 像素 */
9.        height:30px;                  /* 高度为 30 像素 */
10.       background-color:#ddd;         /* 定义背景色 */
11.       padding:3px;                  /* 内边距为 3 像素 */
12.    }
13.    #xx {
14.       border:2px dotted black;      /* 边框为黑色小圆点虚线 */
15.       background-color:#888;         /* 背景色 */
16.    }
17.    </style>
18.    </head>
19.    <body>
20.    <div>没有属性的 div 元素</div>
21.    <div id="xx">id 属性值为 xx 的 div 元素</div>
22.    </body>
23.    </html>
```

在浏览器中的显示效果如图 3-6 所示。

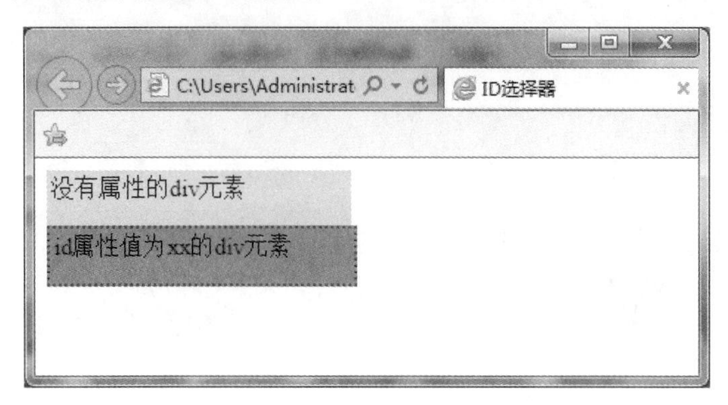

图 3-6　ID 选择器的应用效果

3.4　组合选择器

把两个或多个基本选择器组合在一起可以形成一个复杂的选择器，通过组合选择器可以精确匹配页面元素。CSS 提供多种组合多个基本选择器的方式。

3.4.1　包含选择器

包含选择器通过空格标识符来表示，前面的一个选择器表示包含对象的选择器，后面的选择器表示被包含的选择器。

【示例 3-10】　包含选择器的应用效果。

```
1.  <!DOCTYPE html>
2.  <html>
3.  <head>
4.      <meta http-equiv="Content-Type" content="text/html; charset=utf-8" />
5.      <title>子选择器</title>
6.      <style type="text/css">              /* 定义一个内部样式表 */
7.      div {                                 /* 对所有 div 元素生效的样式 */
8.          width:350px;                      /* 宽度为 350 像素 */
9.          height:60px;                      /* 高度为 60 像素 */
10.         background-color:#ddd;            /* 定义背景色 */
11.         margin:5px;                       /* 外边距为 5 像素 */
12.     }
13.     div .a {                              /* 对处于 div 之内且 class 属性值为 a 的元素起作
    用的样式 */
14.         width:200px;                      /* 宽度为 200 像素 */
15.         height:35px;                      /* 高度为 35 像素 */
```

```
16.        border:2px dotted black;      /* 定义边框为 2 像素的黑点虚线 */
17.        background-color:#888;        /* 定义背景色 */
18.     }
19.     </style>
20.     </head>
21.     <body>
22.     <div>没有属性的 div 元素</div>
23.     <div><section><div class="a">处于 div 之内且 class 属性值为 a 的元素
   </div></section></div>
24.     <p class="a">没有处于 div 之内但 class 属性值为 a 的元素</p>
25.     </body>
26.     </html>
```

在浏览器中的显示效果如图 3-7 所示。

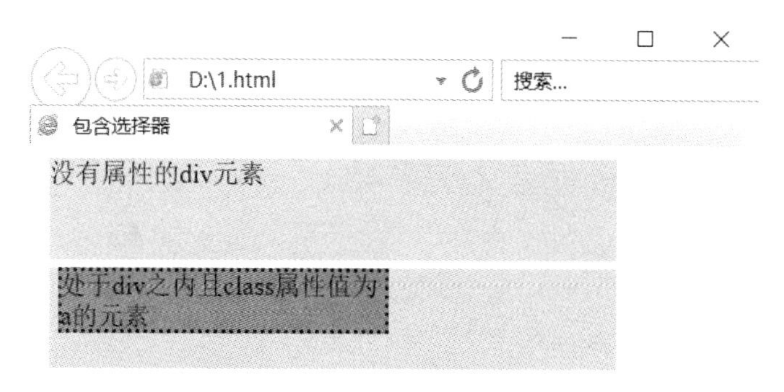

图 3-7　包含选择器的应用效果

从图 3-7 中可以看出，对于代码中第一个 class 为 a 的 div 元素，由于该元素位于另一个 div 元素内部，所以它匹配 div .a 选择器，所以该选择器定义的样式会对该元素发挥作用。但是对于最后一个 p 元素，虽然该元素指定了 class="a"，但由于它并不位于 div 元素内部，所以 div. a 选择器定义的样式不会生效。

3.4.2　子选择器

子选择器是用于指定目标选择器必须是某个选择器对应的元素的子元素，使用“>”表示。

【示例 3-11】　子选择器的应用。

```
1.  <!DOCTYPE html>
2.  <html>
3.  <head>
4.     <meta http-equiv="Content-Type" content="text/html; charset=utf-8" />
5.     <title>子选择器</title>
```

```
6.    <style type="text/css">                  /* 定义一个内部样式表 */
7.    div {                                    /* 对所有 div 元素生效的样式 */
8.       width:350px;                          /* 宽度为 350 像素 */
9.       height:60px;                          /* 高度为 60 像素 */
10.      background-color:#ddd;                /* 定义背景色 */
11.      margin:5px;                           /* 外边距为 5 像素 */
12.   }
13.   div>.a {                                 /* 对处于 div 之内且 class 属性值为 a 的元素起
   作用的样式 */
14.      width:200px;                          /* 宽度为 200 像素 */
15.      height:35px;                          /* 高度为 35 像素 */
16.      border:2px dotted black;              /* 定义边框为 2 像素的黑点虚线 */
17.      background-color:#888;                /* 定义背景色 */
18.   }
19.   </style>
20.   </head>
21.   <body>
22.   <div>没有属性的 div 元素</div>
23.   <div><section><p class="a">处于 div 之内且 class 属性值为 a 的元素</p></sec-
   tion></div>
24.   <div><p class="a">class 属性值为 a 且是 div 的子节点的元素</p></div>
25.   </body>
26.   </html>
```

上面代码中包含两个 class 属性为 a 的 p 元素，且这两个 p 元素都处于 div 内部。其中第一个 class 属性值为 a 的 p 元素只是处于 div 内部，并不是 div 的子元素，因此子元素选择器对第一个 p 元素不生效；第二个 class 属性值为 a 的 p 元素是 div 的子元素。在浏览器中的效果如图 3-8 所示。

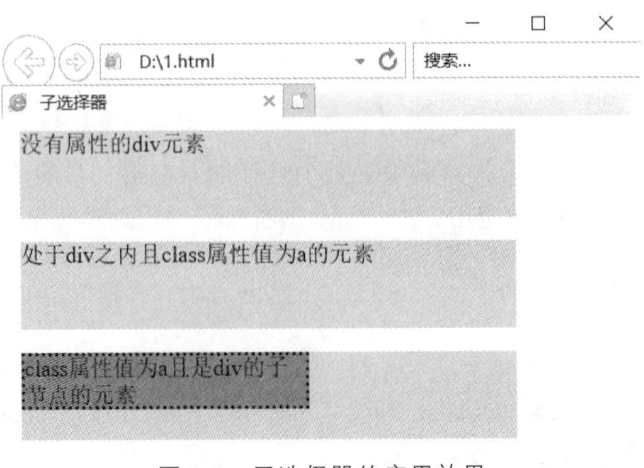

图 3-8　子选择器的应用效果

3.4.3 相邻选择器

相邻选择器通过加号（+）分隔符进行定义。其基本结构是第一个选择器指定前面相邻元素，后面选择器指定相邻元素。前后选择器是兄弟关系，前为兄后为弟，否则样式无法应用。

【示例 3-12】 相邻选择器的应用。

```
1.  <!DOCTYPE html>
2.  <html>
3.  <head>
4.     <meta http-equiv="Content-Type" content="text/html; charset=utf-8" />
5.     <title>相邻选择器</title>
6.     <style type="text/css">        /* 定义一个内部样式表 */
7.     p+h3 {                         /* 对 p 和 h1 相邻的元素起作用的样式 */
8.        background-color:#888       /* 定义背景色 */
9.     }
10.    </style>
11. </head>
12. <body>
13. <div>
14.    <p>情况一：</p>
15.    <h3>p 与 h3 相邻，p 为兄，h3 为弟</h3>
16.    <h3>情况二：</h3>
17.    <p>h3 与 p 相邻，h3 为兄，p 为弟</p>
18. </div>
19. </body>
20. </html>
```

上面代码中，情况二的兄弟关系调换了，所以样式不会生效。在浏览器中的效果如图 3-9 所示。

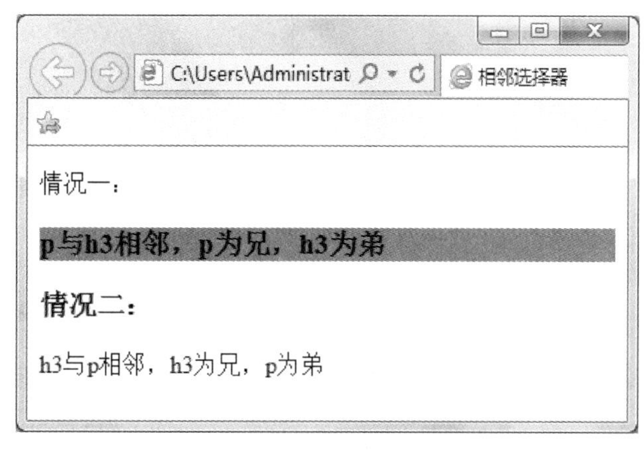

图 3-9 相邻选择器的应用效果

3.4.4 兄弟选择器

兄弟选择器通过波浪号（ ~ ）进行定义。其基本结构是，第一个选择器指定同级前置元素，第二个选择器指定其后同级所有匹配元素。前后选择器的关系是兄弟关系，前为兄后为弟，否则样式无法生效。

【示例 3-13】 兄弟选择器的应用。

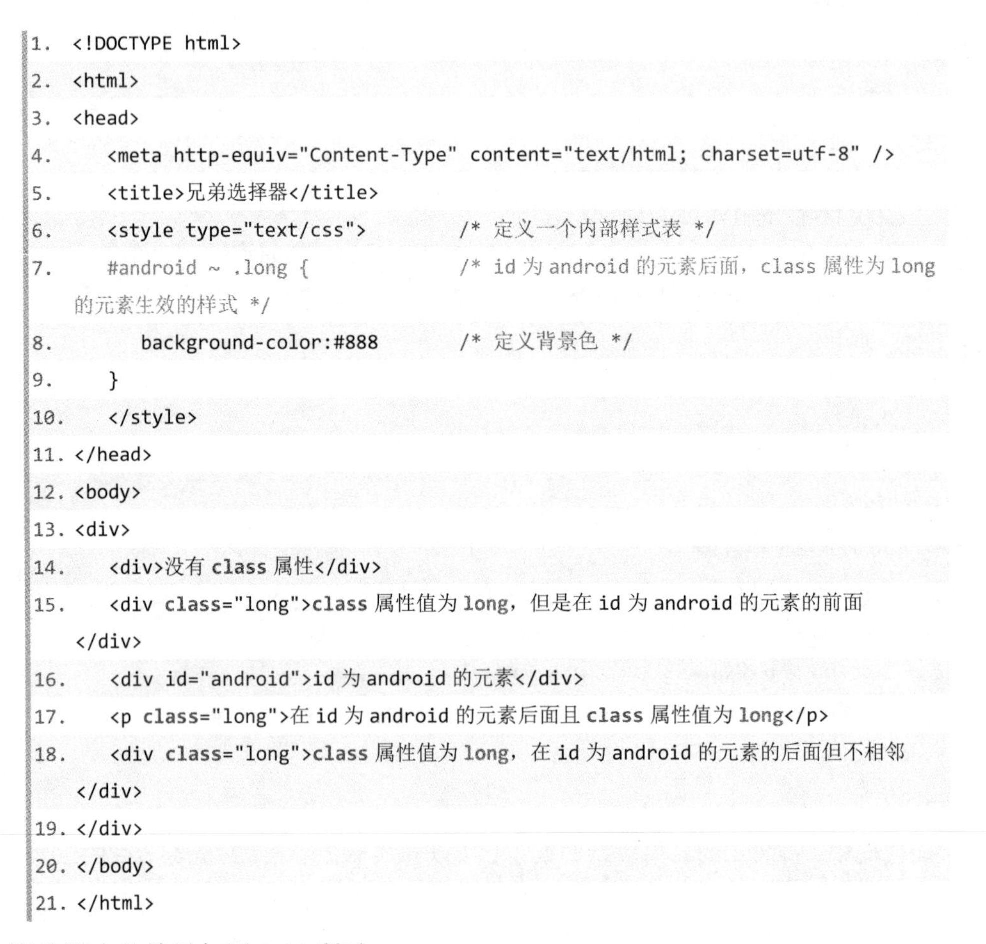

```
1.  <!DOCTYPE html>
2.  <html>
3.  <head>
4.     <meta http-equiv="Content-Type" content="text/html; charset=utf-8" />
5.     <title>兄弟选择器</title>
6.     <style type="text/css">             /* 定义一个内部样式表 */
7.     #android ~ .long {                  /* id 为 android 的元素后面，class 属性为 long
    的元素生效的样式 */
8.        background-color:#888           /* 定义背景色 */
9.     }
10.    </style>
11. </head>
12. <body>
13. <div>
14.    <div>没有 class 属性</div>
15.    <div class="long">class 属性值为 long，但是在 id 为 android 的元素的前面
    </div>
16.    <div id="android">id 为 android 的元素</div>
17.    <p class="long">在 id 为 android 的元素后面且 class 属性值为 long</p>
18.    <div class="long">class 属性值为 long，在 id 为 android 的元素的后面但不相邻
    </div>
19. </div>
20. </body>
21. </html>
```

在浏览器中的效果如图 3-10 所示。

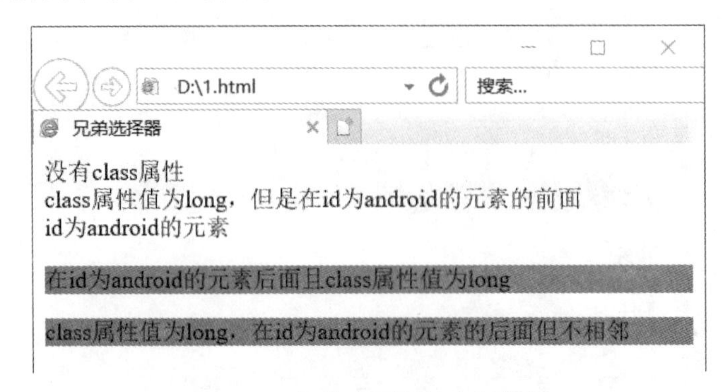

图 3-10 兄弟选择器的应用效果

从示例 3-13 中可以看出，样式对位于 id 为 android 的元素后面的 class 属性值为 long 的所有元素都生效，无论是否相邻。

3.4.5 分组选择器

分组选择器通过逗号（,）进行定义。其基本结构是第一个选择器指定匹配元素，后面的选择器指定另一个匹配元素，即对于{ }之中定义的 CSS 样式，会对前面列出的所有选择器匹配的元素起作用。

【示例 3-14】 分组选择器的应用。

```
1. <!DOCTYPE html>
2. <html>
3. <head>
4.    <meta http-equiv="Content-Type" content="text/html; charset=utf-8" />
5.    <title>分组选择器</title>
6.    <style type="text/css">           /* 定义一个内部样式表 */
7.    div,.a,#abc {                     /* 对 div 元素，class 属性值为 a 的元素，id 为
   abc 的元素生效的样式 */
8.       width:200px;                   /* 宽度为 200 像素 */
9.       height:35px;                   /* 高度为 35 像素 */
10.      border:2px dotted black;       /* 边框为 2 像素的黑点虚线 */
11.      background-color:#888;         /* 定义背景色 */
12.   }
13.   </style>
14. </head>
15. <body>
16.   <div>没有属性的 div 元素</div>
17.   <p class="a">class 属性值为 a 的元素</p>
18.   <section id="abc">id 为 abc 的元素</section>
19. </body>
20. </html>
```

在浏览器中的效果如图 3-11 所示。

示例 3-14 中定义了一个 CSS 样式，可以对 div 元素、class 属性值为 a 的元素、id 为 abc 的元素都生效。

图 3-11　分组选择器的应用效果

3.4.6　属性选择器

属性选择器有以下几种语法格式：

E：指定该 CSS 样式对所有 E 元素生效。

E[attr]：指定该 CSS 样式对具有 attr 属性的 E 元素生效。

E[attr="value"]：指定该 CSS 样式对所有包含 attr 属性，且 attr 属性为 value 的 E 元素生效。

E[attr~="value"]：指定该 CSS 样式对所有包含 attr 属性且 attr 属性的值为以空格隔开的系列值，其中某个值为 value 的 E 元素生效。

E[attr |="value"]：指定该 CSS 样式对所有包含 attr 属性，且 attr 属性的值为以连字符分隔的系列值，其中第一个值为 value 的 Tag 元素生效。

E[attr^="value"]：指定该 CSS 样式对所有包含 attr 属性，且 attr 属性的值为以 value 开关的字符串的 E 元素生效。

E[attr$="value"]：指定该 CSS 样式对所有包含 attr 属性，且 attr 属性的值为以 value 结尾的字符串的 E 元素生效。

E[attr*="value"]：指定该 CSS 样式对所有包含 attr 属性，且 attr 属性的值为包含 value 的字符串的 E 元素生效。

【示例 3-15】　属性选择器的应用。

```
1.  <!DOCTYPE html>
2.  <html>
3.  <head>
4.      <meta http-equiv="Content-Type" content="text/html; charset=utf-8" />
5.      <title>属性选择器</title>
6.      <style type="text/css">              /* 定义一个内部样式表 */
7.      div {                                /* 对所有 div 元素生效的样式 */
8.          width:300px;                     /* 宽度为 300 像素 */
9.          height:30px;                     /* 高度为 30 像素 */
```

```
10.         border:1px solid black;          /* 边框为 1 像素的黑色实线 */
11.         background-color:#eee;           /* 定义背景色 */
12.         padding:10px;                    /* 内边距为 10 像素 */
13.     }
14.     div[id] {                            /* 对属性为 id 的 div 元素生效的样式 */
15.         background-color: #aaa;          /* 定义背景色 */
16.     }
17.     div[id*="xx"] {                      /* 对 id 属性值包含 xx 的 div 元素生效的样
    式 */
18.         background-color: #999;
19.     }
20.     div[id^="xx"] {                      /* 对 id 属性值以 xx 开头的 div 元素生效的样
    式 */
21.         background-color: #555;
22.         color: #fff;
23.     }
24.     div[id="xx"] {                       /* 对 id 属性值为 xx 的 div 元素生效的样
    式 */
25.         background-color: #111;
26.         color: #fff;
27.     }
28.     </style>
29. </head>
30. <body>
31.     <div>没有属性的 div 元素</div>
32.     <div id="a">id 属性值为 a 的 div 元素</div>
33.     <div id="zzxx">id 属性值以 xx 结尾的 div 元素</div>
34.     <div id="xxyy">id 属性值以 xx 开头的 div 元素</div>
35.     <div id="xx">id 属性值为 xx 的 div 元素</div>
36. </body>
37. </html>
```

在浏览器中的效果如图 3-12 所示。

3.5 文本标签

所有信息的描述都应基于语义来确定，如划分结构、定义属性等。设计一个好的语义结构会增强信息的可读性和扩展性，同时也降低了结构的维护成本，为跨平台信息交流和阅读打下基础。

图 3-12　属性选择器的应用效果

3.5.1　标题文本

<h1> ~ <h6>标签可定义标题，其中<h1>定义最大的标题，<h6>定义最小的标题。

h 元素拥有确切的语义，因此用户要慎重地选择恰当的标签层级来构建文档，不能使用标题标签来改变同一行中的字体大小。

在网页中，标题信息比正文信息重要，因为不仅浏览者要看标题，搜索引擎也同样要先检索标题，h1 ~ h6 按级别从大到小，包含的信息依据重要性逐渐递减。h1 表示最重要的信息，而 h6 表示最次要的信息。

【示例 3-16】　以下示例层次清晰，语义合理，对于阅读者和机器来说都很友好。除了 h1 元素外，h2、h3 和 h4 元素在一篇文档中可以重复使用多次。但是如果把 h2 作为网页副标题后，就只能够使用一次，因为网页副标题只有一个。

```
1.  <div id="wrapper">
2.      <h1>网页标题</h1>
3.      <h2>网页副标题</h2>
4.      <div id="box1">
5.          <h3>栏目标题</h3>
6.          <p>正文</p>
7.      </div>
8.      <div id="box2">
9.          <h3>栏目标题</h3>
10.         <div id="sub_box1">
11.             <h4>子栏目标题</h4>
12.             <p>正文</p>
```

```
13.         </div>
14.         <div id="sub_box2">
15.             <h4>子栏目标题</h4>
16.             <p>正文</p>
17.         </div>
18.     </div>
19. </div>
```

在浏览器中的效果如图 3-13 所示。

图 3-13　标题文本

3.5.2　段落文本

<p>标签定义段落文本，在段落文本前后会创建一定距离的空白，浏览器会自动添加这些空间，用户可以根据需要使用 CSS 重置这些样式。

3.5.3　引用文本

<q>标签定义短的引用，浏览器经常在引用的内容周围添加引号；<blockquote>标签定义块引用，其包含的所有文本都会从常规文本中分享出来，并且左右两侧会缩进显示，有时也会显示为斜体。

在语义角度来看，<q>和<blockquote>是一样的，不同之处在于它们的显示和应用。<q>标签用于简短的行内引用。对于需要从周围内容分享出来的比较长的部分，应使用<blockquote>标签。

3.5.4　强调文本

<em>标签用于强调文本，其包含的文字默认显示为斜体；<strong>标签也用于强调文本，但是它强调的程度更强一些，其包含的文字通常显示为粗体。

3.5.5 格式文本

格式文本标签多种多样，具体说明如下：

（1）<b>：定义粗体文本。

（2）<i>：定义斜体文本。

（3）<big>：定义比周围文字大一号的字体。但是如果文字已经是最大号字体，则不起作用。

（4）<small>：定义比周围文字小一号的字体，与<big>类似。

（5）<sup>：定义上标文本。

（6）<sub>：定义下标文本。

3.5.6 输出文本

HTML 元素提供了以下输出信息的标签：

（1）<code>：表示代码字体，即显示源代码。

（2）<pre>：表示预定义格式的源代码，即保留源代码显示中的空格大小。

（3）<tt>：表示打印机字体。

（4）<kbd>：表示键盘字体。

（5）<dfn>：表示定义的术语。

（6）<var>：表示变量字体。

（7）<samp>：表示代码范例。

3.5.7 缩写文本

<abbr>标签可以定义简称或缩写，通过对缩写进行标记，能够为浏览器、拼写检查和搜索引擎提供有用的信息。例如，dfn 是 Defines a Definition Term 的简称，kbd 是 Keyboard Text 的简称，samp 是 Sample 的简称，var 是 Variable 的简称。

3.5.8 插入和删除文本

<ins>标签定义插入文档中的文本，<del>标签定义文档中已被删除的文本。一般可以配合使用这两个标签，来描述文档中的更新和修正。

<ins>和<del>标签都支持下面两个专用属性：

cite：指向另外一个文档的 URL，该文档可解释文本被删除的原因。

datetime：定义文本被删除的日期和时间，格式为 YYYYMMDD。

3.5.9 文本方向

使用<bdo>标签可以改变文本流的方向。它包含一个属性：dir，取值包括 ltr（从左到右）和 rtl（从右到左）。

3.5.10 标记文本

<mark>标签定义带有记号的文本，表示页面中需要突出显示或高亮显示的信息，对于当前用户具有参考作用的一段文字。最能体现 mark 元素作用的应用，是在网页中检索某个关键词时，呈现的检索结果，现在许多搜索引擎都用其他方法实现了 mark 元素的功能。

3.5.11 进度信息

<progress>标签可以标识任务的进度或进程。这个进度可以是不确定的，表示进度正在进行，但不清楚还有多少进度没有完成，也可以用 0 到某个最大数字（如 100）之间的数字来表示进度完成情况。

progress 元素包含两个新增属性，用以表示当前任务的完成情况。

max：定义任务一共需要多少工作量。

value：定义已经完成的工作量。

在设置属性的时候，max 和 value 属性只能指定为有效的浮点数，value 的值必须大于 0 并且小于或等于 max 的属性值，max 的值必须大于 0。

3.5.12 刻度信息

<meter>标签定义书籍范围或分数值内的标量、进度，如磁盘用量、查询结果的相关性等。它包含以下 7 个属性：

value：在元素中特别标示出来的实际值，默认为 0。

min：设置规定范围时，允许使用的最小值，默认为 0，设定的值不能小于 0。

max：设置规定范围时，允许使用的最大值。

low：设置范围的下限值，必须小于或等于 high 的值。

high：设置范围的上限值。

optimum：设置最佳值，在 min 和 max 的值之间。

form：设置 meter 元素所属的一个或多个表单。

3.5.13 时间信息

<time>标签定义公历时间或日期，时间和时区偏移是可选的。该元素能够以机器可读的日期和时间进行编码。例如用户代理能够把生日提醒或排定的事件添加到用户日程表中，搜索引擎也能够生成更智能的搜索结果。

<time>标签包含 2 个属性：

datetime：定义日期和时间，否则由元素的内容给定日期和时间。

pubdate：定义<time>标签中的日期和时间是文档或<article>标签的发布日期。

3.5.14　联系文本

<address>标签定义文档或文章的作者、拥有者的联系信息。它包含的文本通常显示为斜体，大部分浏览器会在 address 元素前后添加折行。

如果<address>标签位于<body>标签内，它表示文档联系信息。

如果<address>标签位于<article>标签内，它表示文章的联系信息。

3.5.15　隔离文本

<bdi>标签允许设置一段文本，使其脱离其父元素的文本方向设置。在发布用户评论或其他无法完全控制的内容时，该标签很有用。目前只有 Firefox 和 Chrome 浏览器支持<bdi>标签。

3.5.16　换行断点

<wbr>标签定义在文本中的何处适合添加换行符。如果单词太长，或者担心浏览器会在错误的位置换行，那么可以使用<wbr>标签来添加单词换行点，避免浏览器随意换行。

3.5.17　文本注释

<ruby>标签可以定义 ruby 注释，即中文注音或字符。<ruby>需要与<rt>标签或<rp>标签一同使用，其中<rt>标签和<rp>标签必须位于<ruby>标签之中。

<rt>标签定义字符（中文注音或字符）的解释或发音。

<rp>标签定义当浏览器不支持 ruby 元素的显示内容。

3.6　字体样式

3.6.1　使用 CSS 定义字体类型

CSS 使用 font-family 和 font 属性来定义字体类型。

font-family 因为字体需要浏览器内嵌字体的支持，该属性可以设置多个显示字体，浏览器按该属性指定的多个字体依次搜索，以优先找到的字体来显示文字。多个属性值之间以英文逗号（,）隔开。

font 是一个复合属性，其属性值是形如 font-style、font-variant、font-weight、font-size、line-height、font-family 的复合属性值，可以同时控制文字的样式、字体粗细、字体大小、字体等属性。

3.6.2 定义字体大小

CSS 使用 font-size 属性来定义字体大小，既可以是相对的字体大小，也可以是绝对的字体大小。该属性支持以下属性值：

xx-small：绝对字体尺寸。最小字体。

x-small：绝对字体尺寸。较小字体。

small：绝对字体尺寸。小字体。

medium：绝对字体尺寸。正常大小的字体，这是默认值。

large：绝对字体尺寸。大字体。

x-large：绝对字体尺寸。较大字体。

xx-large：绝对字体尺寸。最大字体。

larger：相对字体尺寸。相对于父元素中的字体进行相对增大。

smaller：相对字体尺寸。相对于父元素中的字体进行相对减小。

length：直接设置字体大小。该值既可设置为一个百分比值，表示该字体大小是父元素中字体大小的百分比值，也可以设置为一个数值+长度单位，如 10pt、12px 等。长度单位包括 in（英寸）、cm（厘米）、mm（毫米）、pt（印刷的点数）等。

3.6.3 定义字体的颜色

CSS 使用 color 属性来定义字体颜色。该属性的值可以是任何有效的颜色值，包括字符串类型的颜色名、十六进制的颜色值，或使用 rgb()函数设置的 RGB 值等。

3.6.4 定义字体粗细

CSS 使用 font-weight 属性来定义字体粗细。该属性的值表示加粗的程度，用 lighter（较细）、normal（正常）、bold（加粗）、bolder（更粗）等常用属性值来表示。还可以使用具体的数值来控制字体的加粗程度。

3.6.5 定义斜体字体

CSS 使用 font-style 属性来定义字体倾斜效果。常用属性值有 normal（正常）、italic（斜体）、oblique（倾斜字体）等。

3.6.6 定义修饰线

CSS 使用 text-decoration 属性来定义字体修饰线效果。属性值有 none（无修饰）、blink（闪烁）、underline（下划线）、line-through（中划线）和 overline（上划线）等。

3.6.7 定义字体大小写

CSS 使用 font-variant 属性来定义字体大小写效果。属性值有 normal（正常）和 small-caps（小型的大写字母）。

CSS 还使用 font-transform 属性来设置文字的大小写。属性值有 none（不转换大小写）、capitalize（首字母大写）、uppercase（全部大写）和 lowercase（全部小写）。

【示例 3-17】 字体样式。

```
1.  <!DOCTYPE html>
2.  <html>
3.  <head>
4.      <meta http-equiv="Content-Type" content="text/html; charset=utf-8" />
5.      <title>字体样式</title>
6.      </head>
7.  <body>
8.      color:#888888;
9.      <span style="color:#888888">文字颜色为#888888</span><br />
10.     color:red;
11.     <span style="color:red">文字颜色为 red</span><br />
12.     font-family:隶书;
13.     <span style="font-family: 隶书;">字体为隶书</span><br />
14.     font-size:20pt;
15.     <span style="font-size:20pt">文字大小为 20pt</span><br />
16.     font-size:xx-large;
17.     <span style="font-size:xx-large">文字大小为最大</span><br />
18.     font-style:italic;
19.     <span style="font-style: italic;">文字为斜体</span><br />
20.     font-weight:bold;
21.     <span style="font-weight: bold;">字体加粗</span><br />
22.     font-weight:900;
23.     <span style="font-weight: 900;">字体加粗程度 900</span><br />
24.     text-decoration:underline;
25.     <span style="text-decoration: underline;">下划线</span><br />
26.     font-variant:small-caps;
27.     <span style="font-variant: small-caps;">hello</span><br />
28.     text-transform:uppercase;
29.     <span style="text-transform: uppercase;">hello</span><br />
30. </body>
31. </html>
```

在浏览器中的效果如图 3-14 所示。

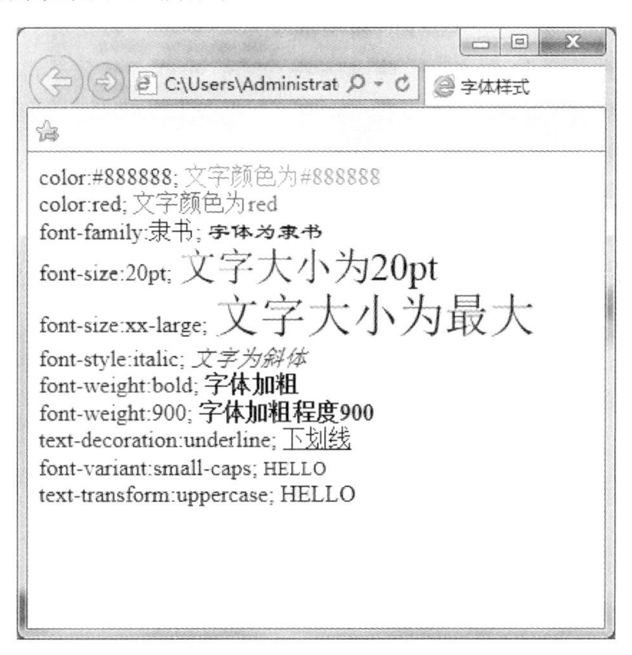

图 3-14　各种字体样式效果

3.7　文本样式

字体样式主要涉及字符本身的显示效果，文本样式主要涉及多个字符的排版效果。CSS 在命名属性时，使用 font 前缀和 text 前缀来区分字体和文本属性。

3.7.1　定义文本对齐

CSS 使用 text-align 属性来定义文本的水平对齐方法。该属性的值包括 left（左对齐，默认值）、right（右对齐）、center（居中对齐）、justify（两端对齐）。

3.7.2　定义垂直对齐

CSS 使用 veritcal-align 属性来定义文本垂直对齐。属性值包括：

auto 将根据 layout-flow 属性的值对齐对象内容；

baseline 表示默认值，将支持 valign 特性的对象内容与基线对齐；

sub 表示垂直对齐文本的下标；

super 表示垂直对齐文本的上标；

top 表示将支持 valign 特性的对象的内容与对象顶端对齐；

text-top 表示将支持 valign 特性的对象的文本与对象顶端对齐；

middle 表示将支持 valign 特性的对象的内容与对象中部对齐；

bottom 表示将支持 valign 特性的对象的内容与对象底端对齐；

text-bottom 表示将支持 valign 特性的对象的文本与对象底端对齐；

length 表示由浮点数字和单位标识符组成的长度值或者百分数，可以为负数，定义由基线算起的偏移量，基线对于数值来说为 0，对于百分数来说是 0%。

3.7.3 定义字距和词距

CSS 使用 letter-spacing 属性定义字距，使用 word-spacing 属性定义词距。这两个属性的取值都是长度值，由浮点数字和单位标识符组成，默认值为 normal。

注意，字距和词距一般很少使用，使用时应慎重考虑用户的阅读体验和感受。对于中文来说，letter-spacing 属性有效，而 word-spacing 属性无效。

3.7.4 定义行高

行高也称为行距，是段落文本行与行之间的距离。CSS 使用 line-height 属性定义行高。属性值包括：normal（默认值，一般为 1.2em），或者由百分比数字、浮点数字和单位标识符组成的长度值，允许为负数。

3.7.5 定义缩进

CSS 使用 text-indent 属性定义首行缩进。属性值可以是百分比数字，或者由浮点数字和单位标识符组成的长度值，允许为负数。在设置缩进单位时，建议以 em 为单位，它表示一个字距，这样能比较精确地确定首行缩进效果。

【示例 3-18】 文本的对齐、行高、缩进。

```
1.  <!DOCTYPE html>
2.  <html>
3.  <head>
4.     <meta http-equiv="Content-Type" content="text/html; charset=utf-8" />
5.     <title>文本的对齐、行高、缩进</title>
6.     <style type="text/css">
7.     div {
8.        border:1px solid #000000;
9.        height:30px;
10.       width:200px;
11.    }
12.       </style>
13.    </head>
14. <body>
15.    text-align:center <div style="text-align:center">居中对齐</div>
```

```
16.     text-indent:20pt <div style="text-indent:20pt>">缩进 20pt</div>
17.     line-height:30pt <div style="line-height: 30pt;">行高 30pt</div>
18. </body>
19. </html>
```

在浏览器中的效果如图 3-15 所示。

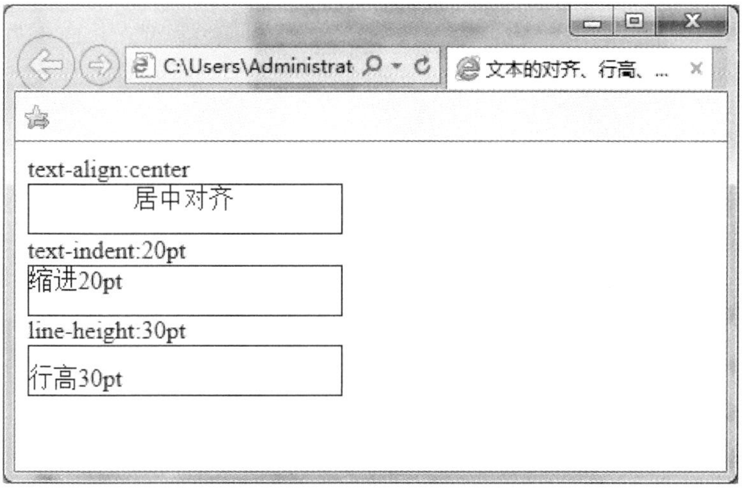

图 3-15　文本的对齐、行高、缩进

3.7.6　定义文本阴影

CSS 使用 text-shadow 属性给页面上的文字添加阴影效果。该属性在 CSS2.0 中被引入，CSS2.1 又删除了该属性，CSS3.0 再次引入了该属性。该属性的默认值为 none（无），基本语法为：

text-shadow: xoffset yoffset radius color

其中：xoffset 指定阴影在横向上的偏移；yoffset 指定阴影在纵向上的偏移；radius 指定阴影的模糊半径，模糊半径越大，阴影看上去越模糊；color 指定阴影的颜色。

【示例 3-19】　文本阴影效果。

```
1.  <!DOCTYPE html>
2.  <html>
3.  <head>
4.      <meta http-equiv="Content-Type" content="text/html; charset=utf-8" />
5.      <title>文本阴影</title>
6.      <style type="text/css">
7.      p {
8.          text-align:center;
9.          font:bold 60px helvetica, arial, sans-serif;
10.         color: #999;
```

```
11.         text-shadow: 0.1em 0.1em #333;
12.     }
13.         </style>
14.     </head>
15. <body>
16.     <p>文本阴影：text-shadow</p>
17. </body>
18. </html>
```

在浏览器中的效果如图 3-16 所示。

图 3-16　文本阴影效果

3.7.7　定义溢出文本

CSS 使用 text-overflow 属性设置超长文本省略显示。该属性支持以下两个属性值：

clip：当该元素中文本溢出时，clip 指定只是简单地裁切溢出的文本。

ellipsis：当该元素中文本溢出时，ellipsis 指定裁切溢出的文本，并显示溢出标记（…）。

要实现溢出时产生省略号的效果，应该再定义两个样式：强制文本在一行内显示（white-space:nowrap）和溢出内容为隐藏（overflow:hidden）。

3.7.8　文本换行

CSS 使用 word-break 属性定义文本自动换行。该属性支持以下三个属性值：

normal：按浏览器的默认规则进行换行。浏览器的通常处理规则是，对于西方文字，浏览器只会在半角空格、连字符的地方进行换行，不会在单词中间换行；对于中文来说，浏览器可以在任何一个中文字符后换行。

keep-all：只能在半角空格或连字符处换行。

break-all：设置允许在单词中间换行。

【示例 3-20】 溢出文本和文本换行。

```
1.  <!DOCTYPE html>
2.  <html>
3.  <head>
4.     <meta http-equiv="Content-Type" content="text/html; charset=utf-8" />
5.     <title>溢出文本显示省略号和文本换行</title>
6.     <style type="text/css">
7.     div {
8.        border: 1px solid #000000;
9.        height: 40px;
10.       width: 200px;
11.    }
12.       </style>
13.    </head>
14. <body>
15.    text-overflow:clip <div style="overflow:hidden;white-space:nowrap;
16.    text-overflow:clip;">测试文字测试文字测试文字测试文字测试文字测试文字
17.    测试文字测试文字</div>
18.    text-overflow:ellipsis <div style="overflow:hidden;white-space: nowrap;
19.    text-overflow: ellipsis;">测试文字测试文字测试文字测试文字测试文字测试文字
20.    测试文字测试文字</div>
21.    word-break:keep-all <div style="word-break: keep-all;">
22.    The root interface in the collection hierarchy.</div>
23.    word-break:break-all <div style="word-break: break-all;">
24.    The root interface in the collection hierarchy.</div>
25. </body>
26. </html>
```

在浏览器中的效果如图 3-17 所示。

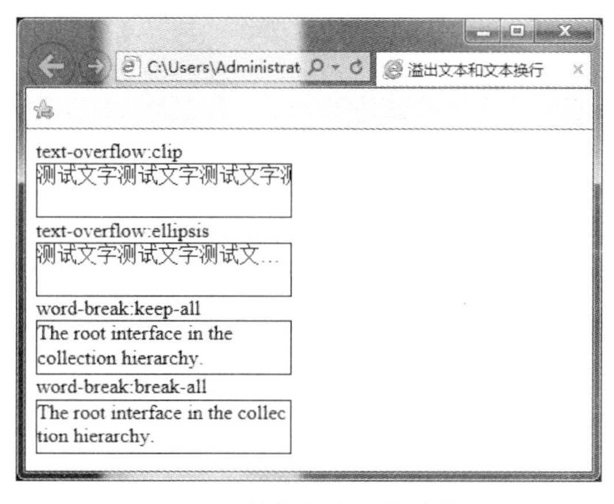

图 3-17 溢出文本和文本换行

3.8 插入图像

图像格式众多，在网页中图像常用格式有 3 种：gif、jpeg 和 png。其中 gif 和 jpeg 使用最广，能够支持所有浏览器。

在 HTML5 中，使用<img>标签可以把图像插入网页中，用法如下：

```
<img src=”URL” alt=”替代文本”>
```

<img>标签有两个必需属性：src 和 alt。说明如下：

alt：设置图像的替代文本。

src：定义显示图像的 URL。

3.8.1 定义图像大小

<img>标签包含 width 和 height 属性，使用它们可以控制图像的大小。不过 CSS 提供了更符合标准的 width 和 height 属性，使用这两个属性可以实现结构和表现相分离。

【示例 3-21】 定义图像大小。

```
1.  <!DOCTYPE html>
2.  <html>
3.  <head>
4.      <meta http-equiv="Content-Type" content="text/html; charset=utf-8" />
5.      <title>定义图像的大小</title>
6.      <style type="text/css">
7.      img {  /*定义图像大小*/
8.         width: 200px;
9.      }
10.     </style>
11.     </head>
12. <body>
13.     <img src="images/1.jpg">
14. </body>
15. </html>
```

需要注意的是，当只为图像定义宽度或高度时，浏览器能够自动调整纵横比，使宽和高能够协调缩放，避免图像变形。

3.8.2 定义图像边框

图像在默认状态下不会显示边框，但在为图像定义超链接时会自动显示 2 ~ 3 像素宽的蓝色粗边框。使用 CSS 的 border 属性，不仅可以为图像定义边框，而且提供了丰富的边框样式，支持定义边框的粗细、颜色和样式。

【示例 3-22】　清除图像边框效果。

```
1.  <style type="text/css">
2.      img {  /*清除图像边框*/
3.         border: none;
4.      }
5.  </style>
```

下面分别讲解图像边框的样式、颜色和粗细的详细用法。

1．边框样式

边框样式可以使用 border-style 属性来定义，包括虚线框和实线框。虚线框包括 dotted（点线）和 dashed（虚线）；实线框包括实线（solid）、双线（double）、立体凹槽（groove）、立体凸槽（ridge）、立体凹边（inset）、立体凸边（outset）。其中实线是应用最广的一种边框样式。

2．边框颜色和宽度

使用 CSS 的 border-color 属性可以定义边框的颜色，颜色取值可以是任何有效的颜色表示法。使用 border-width 可以定义边框的粗细，取值可以是任何长度单位，但不能使用百分比单位。

当元素的边框样式为 none 时，所定义的边框颜色和边框宽度都会同时无效。默认状态下，元素的边框样式为 none，而元素的边框宽度默认为 2 ~ 3px。使用 border-color 和 border-width 时，可以快速定义各边的颜色和宽度，属性取值顺序为顶部、右侧、底部、左侧。

【示例 3-23】　定义图像的边框。

```
1.  <!DOCTYPE html>
2.  <html>
3.  <head>
4.      <meta http-equiv="Content-Type" content="text/html; charset=utf-8" />
5.      <title>定义图像的边框</title>
6.      <style type="text/css">
7.      img {  /*图像边框样式*/
8.         width: 260px;
9.         border-style: solid dashed dotted double;
10.        /*顶边实线、右边虚线、底边点线、左边双线*/
11.        border-width: 10px 20px 30px 40px;
12.        /*顶边 10px、右边 20px、底边 30px、左边 40px*/
13.        border-color: red blue green yellow;
14.        /*顶边红色、右边蓝色、底边绿色、左边黄色*/
```

```
15.     }
16.     </style>
17.     </head>
18. <body>
19.     <img src="images/1.jpg">
20. </body>
21. </html>
```

在浏览器中的效果如图 3-18 所示。

图 3-18　定义图像的边框

如果各边的样式相同，使用 border 会更方便设计。

【示例 3-24】　定义各边样式相同的边框。

```
1.  div {
2.      width: 200px;
3.      border: solid 20px red;
4.  }
```

在以上代码中，border 属性中的 3 个值分别表示边框样式、边框颜色和边框宽度，没有先后顺序，可以任意调整。

3.8.3　定义图像的透明度、圆角和阴影

1．透明度

CSS 使用 opacity 来设计图像的不透明度，其取值范围在 0 ~ 1，数值越低透明度越高，0 为完全透明，1 为完全不透明。

2．圆　角

CSS 使用 border-radius 属性来设计圆角样式，其默认值为 none。取值说明如下：

none：默认值，表示没有圆角。

<length>：由浮点数字和单位标识符组成的长度值，不可为负值。

为了方便元素的四个顶角圆角，border-radius 属性派生了四个子属性：

border-top-right-radius：定义右上角的圆角。

border-bottom-right-radius：定义右下角的圆角。

border-top-left-radius：定义左上角的圆角。

border-bottom-left-radius：定义左下角的圆角。

3．阴　影

CSS 使用 box-shadow 属性定义阴影效果。默认值为 none，表示没有阴影。其属性值使用由浮点数字和单位标识符组成的长度值，可取正负值，用来定义阴影水平偏移、垂直偏移以及阴影的大小和颜色。

【示例 3-25】　图像的透明度、圆角和阴影。

```
1. <!DOCTYPE html>
2. <html>
3. <head>
4.    <meta http-equiv="Content-Type" content="text/html; charset=utf-8" />
5.    <title>定义图像的边框</title>
6.    <style type="text/css">
7.    img { width: 200px;border: solid; }
8.    .r1 {
9.       opacity: 0.3;           /* 透明度 */
10.      border-radius: 20px;    /* 圆角 */
11.      box-shadow: 8px 8px 14px #0066cc; /* 阴影 */
12.   }
13.   </style>
14.   </head>
15. <body>
16.    <img class="r1" src="images/1.jpg">
17. </body>
18. </html>
```

在浏览器中的效果如图 3-19 所示。

图 3-19　图像的透明度、圆角和阴影

3.9　超链接

在 HTML5 中建立超链接需要有两个要素：设置为超链接的网页元素和超链接指向的目标地址。

3.9.1　URL 格式

URL（Uniform Resource Locator，统一资源定位器）主要用于指定网上资源的位置和方式。一个 URL 一般由以下 3 部分组成：

第 1 部分：协议（或服务方式）。

第 2 部分：存有该资源的主机 IP 地址（有时也包括端口号）。

第 3 部分：主机资源的具体地址，如目录和文件名等。

3.9.2　超链接分类

根据 URL 不同，网页中的超链接一般可以分为内部链接、锚点链接、外部链接。

内部链接所链接的目标一般位于同一个网站中，对于内部链接来说，可以使用相对路径和绝对路径。相对路径就是 URL 中没有指定超链接的协议和互联网位置，仅指定相对位置关系。例如可以使用“sub”表示下一级目录，使用“..”表示上一级目录，使用“/”来表示站点根目录等。

外部链接所链接的目标一般为外部网站目标，当然也可以是网站内部目标。

锚点链接是一种特殊的链接方式，实际上它是在内部链接或外部链接基础上增加锚点标记后缀，可以跳转到相应页面中标记的锚点的位置。

3.9.3 使用<a>标签

在 HTML5 中，<a>标签用于定义超链接，设计从一个页面链接到另一个页面。<a>最重要的属性是 href 属性，它指示链接的目标。<a>标签包含很多属性，见表 3-1。

表 3-1 <a>标签的属性

属　性	取　值	说　明
download	Filename	规定被下载的超链接目标
href	URL	规定链接指向的页面的 URL
hreflang	language_code	规定被链接文档的语言
media	media_query	规定被链接文档是为何种媒介/设备优化的
rel	text	规定当前文档与被链接文档之间的关系
target	_blank、_parent、_self、_top、framename	规定在何处打开链接文档
type	MIME type	规定被链接文档的 MIME 类型

在默认状态下，被链接页面会显示在当前浏览器窗口中，可以使用 target 属性改变页面显示的窗口。

【示例 3-26】　定义一个超链接文本，当单击该文本时将在新的标签页中显示百度首页。

```
<a href="http://www.baidu.com/" target="_blank">百度一下</a>
```

用来定义超链接的对象，可以是一段文本，或者是一张图片，甚至是页面任何对象。当浏览者单击已经链接的对象后，被链接的目标将显示在浏览器上，并根据目标的类型来打开或运行。

【示例 3-27】　定义一张超链接图像。

```
1. <a href="http://www.baidu.com/" target="_blank">
2.     <img src="images/logo.png" width="300" />
3. </a>
```

3.9.4 定义锚点链接

锚点链接是指向同一页面或者其他页面中的特定位置的链接。例如在一个很长的页面，在页面的顶部设置一个锚点，单击后可以跳转到页面底部，这样就避免了上下滚动的麻烦。或者，在页面内容的标题上设置锚点，然后在页面顶部设置锚点的链接，这样就可以通过链接快速浏览具体内容。

创建锚点链接的方法：

（1）创建用于链接的锚点。任何被定义了 ID 值的元素都可以作为锚点标记，就可以定义指向该位置点的锚点链接了。注意，给页面标签的 ID 锚点命名时不能有空格，同时不要置于绝对定位元素内。

（2）在当前页面或者其他页面不同位置定义超链接，为<a>标签设置 href 属性，属性值为“#+锚点名称”，例如“#p3”。如果链接到不同页面，如 test.html，则输入“test.html#p3”，可以使用绝对路径，也可以使用相对路径。注意，锚点名称是区分大小写的。

【示例 3-28】 定义一个锚点链接，跳转到页面中图片 3 所在位置。

```
1. <!DOCTYPE html>
2. <html>
3. <head>
4.     <meta http-equiv="Content-Type" content="text/html; charset=utf-8" />
5.     <title>锚点链接</title>
6. </head>
7. <body>
8.     <p><a href="#p3">查看图片</a></p>
9.     <h2>图片 1</h2>
10.    <p><img src="images/1.jpg" /></p>
11.    <h2>图片 2</h2>
12.    <p><img src="images/2.jpg" /></p>
13.    <h2 id="p3">图片 3</h2>
14.    <p><img src="images/3.jpg" /></p>
15. </body>
16. </html>
```

3.9.5 定义不同目标的链接

超链接指向的目标对象可以是不同的网页，也可以是相同网页内的不同位置，也可以是一张图片、一个电子邮件地址、一个文件、FTP 服务器，甚至是一个应用程序，也可以是一段 JavaScript 脚本。

<a>标签的 href 属性指向链接的目标可以是各种类型的文件。如果是浏览器能够识别的类型，会直接在浏览器中显示；如果是浏览器不能识别的类型，会弹出“文件下载”对话框，允许用户下载到本地。

【示例 3-29】 不同目标的链接。

```
1. <p><a href="images/1.jpg">链接到图片</a></p>
2. <p><a href="test.html">链接到网页</a></p>
3. <p><a href="test.docx">链接到 Word 文档</a></p>
```

3.9.6 定义下载链接

当被链接的文件不被浏览器解析时，会被浏览器直接下载到本地。对于能够被浏览器解析的目标对象，用户可以使用 download 属性强制浏览器执行下载操作。

【示例 3-30】 使用 download 的方法。

```
<p><a href="images/1.jpg" download>下载图片</a></p>
```

3.10 设置超链接样式

在网页中，超链接字体颜色默认显示为蓝色，链接文本包含一条下划线，当鼠标指针移到超链接上时，鼠标指针就会变成手形。如果超链接被访问，那么链接文本颜色会变为紫色，这是超链接默认样式。

在网页设计时，用户一般会根据网站或页面设计风格重新定义超链接的样式。本节将介绍超链接样式的定义方法，以提高用户的操作体验。

3.10.1 伪 类

伪类就是根据一定的特征对元素进行分类，而不根据元素的名称、属性或内容。原则上特征是不能够根据 HTML 文档结构进行匹配。例如，鼠标划过就是一个动态特征，任意一个元素都可能被鼠标划过，当然鼠标也不可能只停留在同一个元素上面。这种特征对于某个元素来说是随时可能消失的。

在 CSS 中，伪类是以冒号为前缀的特定名词，它们表示一类选择器，与超链接相关的伪类说明见表 3-2。

表 3-2 与超链接相关的基本伪类

伪 类	说 明
:link	设置超链接 a 在未被访问前的样式
:visited	设置超链接 a 在其链接地址已被访问过时的样式
:hover	设置元素在鼠标悬停时的样式
:active	设置元素在被用户激活（在鼠标单击与释放之间发生的事件）时的样式
:focus	设置元素在成为输入焦点（该元素的 onfocus 事件发生）时的样式

3.10.2 定义超链接样式

【示例 3-31】 定义页面所有超链接默认为红色下划线效果，当鼠标经过时显示为绿色下划线效果，而当单击超链接时显示为黄色下划线效果，被访问之后显示为蓝色下划线效果。

```
1. <!DOCTYPE html>
2. <html>
3. <head>
4.     <meta http-equiv="Content-Type" content="text/html; charset=utf-8" />
5.     <title>定义超链接样式</title>
```

```
6.     <style type="text/css">
7.     a:link {color: #FF0000;}  /* 超链接默认样式 */
8.     a:visited {color: #0000FF;}  /* 超链接被访问后的样式 */
9.     a:hover {color: #00FF00;}  /* 鼠标经过超链接的样式 */
10.    a:active {color: #FFFF00;}  /* 超链接被激活时的样式 */
11.    </style>
12. </head>
13. <body>
14.    <ul class="p1">
15.       <li><a href="#" class="a1">首页</a></li>
16.       <li><a href="#" class="a2">新闻</a></li>
17.       <li><a href="#" class="a3">微博</a></li>
18.    </ul>
19.    <ul class="p2">
20.       <li><a href="#" class="a1">关于</a></li>
21.       <li><a href="#" class="a2">版权</a></li>
22.       <li><a href="#" class="a3">友情链接</a></li>
23.    </ul>
24. </body>
25. </html>
```

在浏览器中的效果如图 3-20 所示。

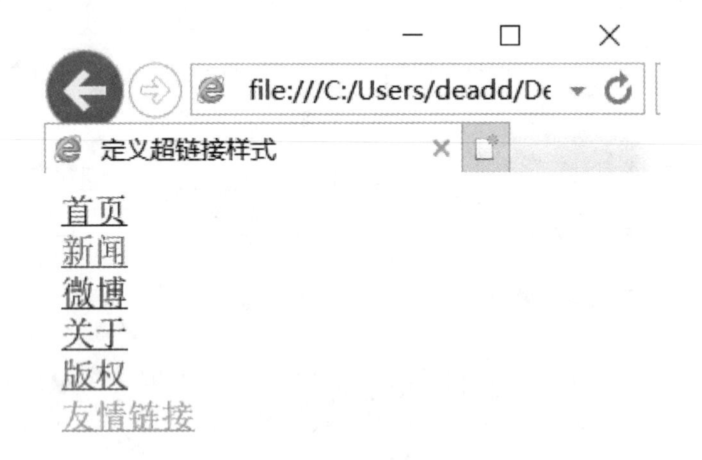

图 3-20　超链接样式

针对示例 3-31 的文档，如果要定义第一个列表内超链接样式，则可以使用包含选择器来定义。

【示例 3-32】　包含选择器定义超链接样式。

```
1. <style type="text/css">
2. .p1 a:link {color: #FF0000;}  /* 超链接默认样式 */
3. .p1 a:visited {color: #0000FF;}  /* 超链接被访问后的样式 */
4. .p1 a:hover {color: #00FF00;}  /* 鼠标经过超链接的样式 */
5. .p1 a:active {color: #FFFF00;}  /* 超链接被激活时的样式 */
6. </style>
```

如果定义 a1 类的超链接样式，则使用以下方式，其中前缀是一个类选择器。

```
1. <style type="text/css">
2. .a1:link {color: #FF0000;}  /* 超链接默认样式 */
3. .a1:visited {color: #0000FF;}  /* 超链接被访问后的样式 */
4. .a1:hover {color: #00FF00;}  /* 鼠标经过超链接的样式 */
5. .a1:active {color: #FFFF00;}  /* 超链接被激活时的样式 */
6. </style>
```

在定义超链接样式时，超链接的 4 种状态样式的排列顺序是有要求的，一般不能随意调换。正确顺序是：link、visited、hover 和 active。这 4 种状态并非都要定义，可以根据需要定义其中的 2 个或 3 个。

3.11 本章小结

本章首先介绍了 CSS 的基本概念和 CSS 的基本使用方法，然后详细介绍了 CSS 的 4 种选择器，包括标签选择器、类选择器、ID 选择器和组合选择器的使用与区别，最后按字体样式、文本样式、图像样式、超链接样式等分类对各种样式进行了详细介绍。通过学习本章能够熟练掌握 CSS 选择器的使用以及样式的写法，并能正确运用 CSS 选择器和样式知识编写 Web 页面。

第 4 章　表格与布局

列表是一种管理图文信息的有效方式，在网页中比较常用，如导航条、菜单栏、引导页、页面框架等。通过列表结构能够实现对网页信息的合理排版。

4.1　列表的基本结构

在 HTML 中，列表结构可以分为两种基本类型：有序列表和无序列表。无序列表使用项目符号来标识列表，而有序列表则使用编号来标识列表的项目顺序。使用标签说明如下：

<ul>…</ul>：标识无序列表。

<ol>…</ol>：标识有序列表。

<li>…</li>：标识列表项目。

另外，还可以使用定义列表。定义列表是一种特殊的结构，它包括词条和解释两块内容。包含的标签如下：

<dl>…</dl>：标识定义列表。

<dt>…</dt>：标识词条。

<dd>…</dd>：标识解释。

4.2　创建列表

4.2.1　无序列表

无序列表是一种不分排序的列表结构，使用<ul>标签定义，其中包含多个<li>列表项目标签。

【示例 4-1】　3 层嵌套的多级列表结构。

```
1.  <ul>
2.      <li>一级列表项目 1
3.          <ul>
4.              <li>二级列表项目 1</li>
5.              <li>二级列表项目 2
6.                  <ul>
```

```
7.                  <li>三级列表项目 1</li>
8.                  <li>三级列表项目 2</li>
9.               </ul>
10.           </li>
11.        </ul>
12.     </li>
13.     <li>一级列表项目 2</li>
14. </ul>
```

在浏览器中的效果如图 4-1 所示。

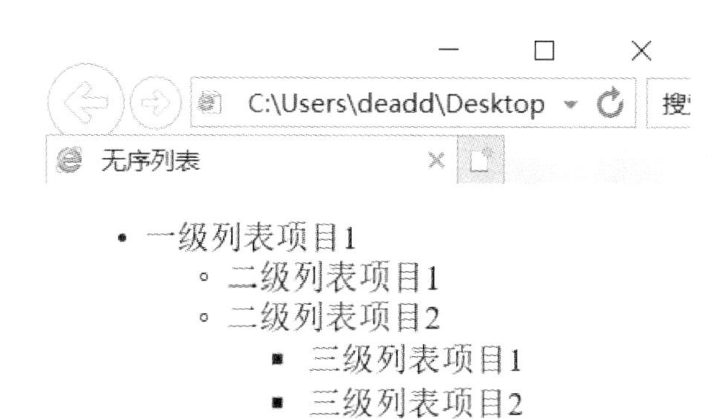

图 4-1　多级无序列表的默认效果

可以发现，无序列表在嵌套结构中随着其所包含的列表级数的增加而逐渐缩进，并且随着列表级数的增加而改变修饰符。合理使用 HTML 标签能让页面的结构更加清晰。

需要注意的是，<ul>标签和<li>标签之间不能插入其他标签，多层<ul>无序列表标签嵌套时，应该将<ul>标签放在<li>标签内。以下为错误嵌套方法。

【示例 4-2】　错误的无序列表嵌套结构。

```
1. <ul>
2.     <li>列表项目</li>
3.     <ul>
4.         <li>错误的无序列表嵌套结构</li>
5.     </ul>
6. </ul>
```

4.2.2　有序列表

有序列表是一种讲究排序的列表结构，使用<ol>标签定义，其中包含多个<li>列表项目。一般网页设计中，列表结构可以互用有序或无序列表标签。但是在强调项目排序的栏目中，选用有序列表会更科学，如新闻列表、排行榜等。

【示例 4-3】 3 层嵌套的有序列表结构。

```
1. <ol>
2.     <li>一级列表项目 1
3.         <ol>
4.             <li>二级列表项目 1</li>
5.             <li>二级列表项目 2
6.                 <ol>
7.                     <li>三级列表项目 1</li>
8.                     <li>三级列表项目 2</li>
9.                 </ol>
10.            </li>
11.        </ol>
12.    </li>
13.    <li>一级列表项目 2</li>
14. </ol>
```

在浏览器中的效果如图 4-2 所示。

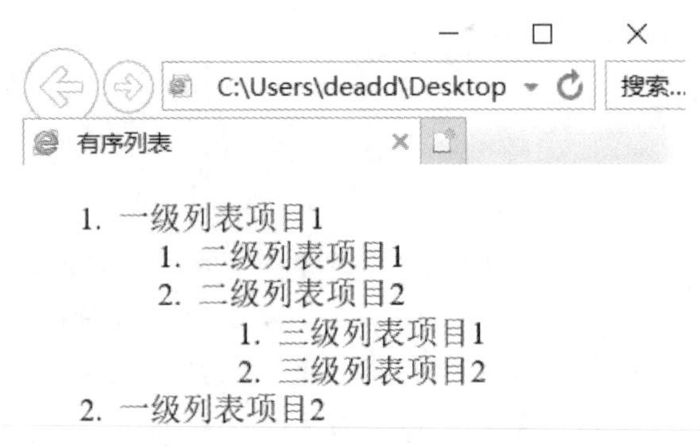

图 4-2 多级有序列表的默认效果

<ol>标签包含 3 个比较实用的属性：

reversed：取值为 reversed，定义列表顺序为降序。

start：取值为数字，定义有序列表的起始值。

type：取值为序号类型（如 1、A、a、I、i 等），定义列表中使用的标记类型。

【示例 4-4】 有序列表降序显示，起始值为 3，类型为大写罗马数字。

```
1. <ol type="I" start="3" reversed>
2.     <li>列表项目 1</li>
3.     <li>列表项目 2</li>
4.     <li>列表项目 3</li>
5.     <li>列表项目 4</li>
6. </ol>
```

在浏览器中的效果如图 4-3 所示。

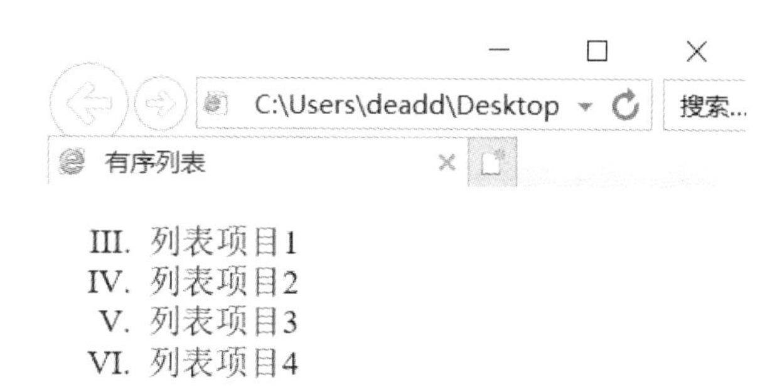

图 4-3　降序列表

4.2.3　定义列表

定义列表以<dl>标签形式出现，在<dl>标签中包含<dt>和<dd>标签，一个<dt>标签对应着一个或多个<dd>标签。结构可以是如下形式。

【示例 4-5】　定义列表。

```
1. <dl>
2.     <dt>定义列表标题 1</dt>
3.     <dd>定义列表内容 1.1</dd>
4.     <dd>定义列表内容 1.2</dd>
5.     <dt>定义列表标题 2</dt>
6.     <dd>定义列表内容 2</dd>
7. </dl>
```

4.2.4　菜单列表

在 HTML5 中使用<menu>标签可以定义命令的列表或菜单，如上下文菜单、工具栏，以及列出表单控件和命令。<menu>标签中可以包含<command>和<menuitem>标签，用于定义命令和项目。<command>标签可以定义命令按钮，如单选按钮、复选框或按钮。只有当 command 元素位于 menu 元素内时，该元素才是可见的。

<command>标签包含很多属性，用来定制命令的显示样式和行为，其说明见表 4-1。

<menu>标签也包含两个专用属性，简单说明如下：

（1）label：定义菜单的可见标签。

（2）type：定义要显示哪种菜单类型，取值说明如下：

list：默认值，定义列表菜单。一个用户可执行或激活的命令列表（li 元素）。

context：定义上下文菜单。该菜单必须在用户能够与命令进行交互之前被激活。

toolbar：定义工具栏菜单。活动式命令，允许用户立即与命令进行交互。

表 4-1　<command>标签的属性

属　性	取　值	说　明
checked	checked	定义是否被选中。仅用于 radio 或 checkbox 类型
disabled	disabled	定义 command 是否可用
icon	url	定义作为 command 来显示的图像的 url
label	text	为 command 定义可见的 label
radiogroup	groupname	定义 command 所属的组名。仅在类型为 radio 时使用
type	checkbox、command、radio	定义该 command 的类型，默认为“command”

【示例 4-6】　使用 type 属性定义工具条。

```
1.  <menu type="toolbar">
2.      <li>
3.          <menu label="File" type="toolbar">
4.              <button type="button" onclick="file_new()">新建...</button>
5.              <button type="button" onclick="file_open()">打开...</button>
6.              <button type="button" onclick="file_save()">保存...</button>
7.          </menu>
8.      </li>
9.  </menu>
```

在浏览器中的效果如图 4-4 所示。

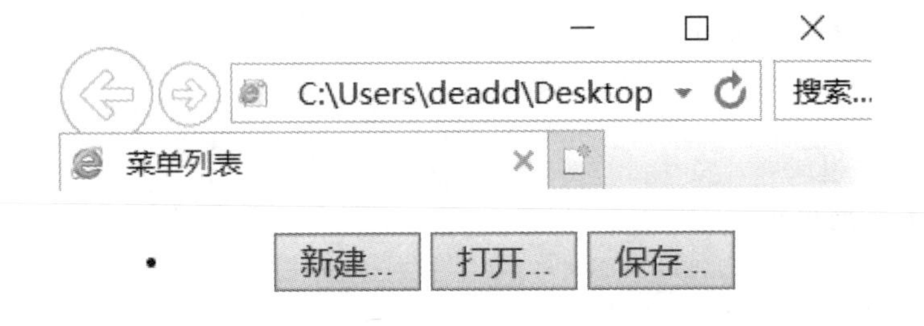

图 4-4　使用 type 属性定义工具条

4.3　表格结构

在 HTML 中，表格由<table>标签来定义，每个表格均有若干行，行由<tr>标签定义，每行被分割为若干单元格，单元格由<td>标签定义。字母 td 表示表格数据（table data），即数据单元格的内容，数据单元格可以包含文本、图片、列表、段落、表单、水平线、表格等。

设计符合标准的表格结构，用户应该注意每个标签的语义性和使用规则，简单说明如下：

<table>：定义表格。在<table>内部，可以旋转表格的标题、表格行、表格列、表格单元以及其他表格对象。

<caption>：定义表格标题。<caption>标签必须紧随<table>标签之后。每个表格只能定义一个标题，通常会被居中显示在表格之上。

<th>：定义表头单元格。<th>标签内部的文本通常会呈现为粗体、居中显示。

<tr>：在表格中定义一行。

<td>：在表格中定义一个单元格。

<thead>：定义表头结构。

<tbody>：定义表格主体结构。

<tfoot>：定义表格的页脚结构。

<col>：在表格中定义针对一个或多个列的属性值。只能在<table>或<colgroup>标签中使用。

<colgroup>：定义表格列的分组。通过该标签，可以对列组进行格式化。只能在<table>标签中使用。

4.4 创建表格

4.4.1 简单的表格

使用 table 元素可以定义 HTML 表格。简单的 HTML 表格由一个 table 元素，以及一个或多个 tr 和 td 元素组成，其中 tr 元素定义表格行，td 元素定义表格的单元格。

【示例 4-7】 简单表格。

```
1.  <table>
2.      <tr>
3.          <td>第一行第一列；</td>
4.          <td>第一行第二列；</td>
5.      </tr>
6.      <tr>
7.          <td>第二行第一列；</td>
8.          <td>第二行第二列。</td>
9.      </tr>
10. </table>
```

在浏览器中的效果如图 4-5 所示。

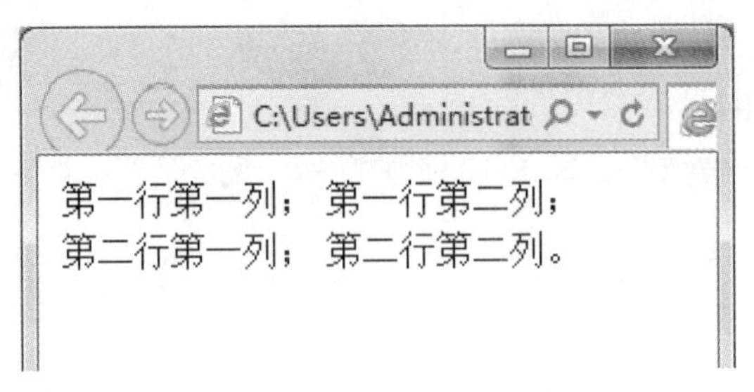

图 4-5　简单表格

4.4.2　包含表头的表格

在数据表格中，每列可以包含一个标题，这在数据库中被称为字段，在 HTML 中被称为表头单元格。我们使用 th 元素来定义表头单元格。默认状态下，th 元素内的文本为居中、粗体显示。

【示例 4-8】　包含表头的表格。

```
1.  <table>
2.      <tr>
3.          <th>姓名</th>
4.          <th>电子邮箱</th>
5.      </tr>
6.      <tr>
7.          <td>张三</td>
8.          <td>zhangsan@163.com</td>
9.      </tr>
10.     <tr>
11.         <td>李四</td>
12.         <td>lisi@163.com</td>
13.     </tr>
14. </table>
```

在浏览器中的效果如图 4-6 所示。

图 4-6　包含表头的表格

4.4.3 包含标题的表格

为了方便浏览，有时需要使用 caption 元素为表格添加一个标题。注意，caption 元素必须紧随 table 元素之后，每个表格只能定义一个标题。

【示例 4-9】 表格的标题。

```
1. <table>
2.     <caption>通讯录</caption>
3.     <tr>
4.         <th>姓名</th>
5.         <th>电子邮箱</th>
6.     </tr>
7.     <tr>
8.         <td>张三</td>
9.         <td>zhangsan@163.com</td>
10.    </tr>
11.    <tr>
12.        <td>李四</td>
13.        <td>lisi@163.com</td>
14.    </tr>
15. </table>
```

在浏览器中的效果如图 4-7 所示。

图 4-7 包含标题的表格

4.4.4 结构化的表格

thead、tfoot 和 tbody 元素可以对表格中的行进行分组。当创建表格时，如果希望拥有一个标题行，一些带有数据的行，以及位于底部的一个总计行，这样可以设计独立于表格标题和页脚的表格正文滚动。当较长的表格被打印时，表格的表头和页脚都可以被打印在包含表格数据的每张页面上。

使用 thead 元素可以定义表格的表头，该元素用于组合 HTML 表格的表头内容，一般与 tbody 和 tfoot 元素结合起来使用。其中 tbody 元素用于对 HTML 表格中的主体内容进行分组，tfoot 元素用于对 HTML 表格中的页脚内容进行分组。

【示例 4-10】 建立结构化的表格。

```
1.  <!DOCTYPE html>
2.  <html>
3.  <head>
4.     <meta http-equiv="Content-Type" content="text/html; charset=utf-8" />
5.     <title>结构化表格</title>
6.     <style type="text/css">
7.     table { width: 100%;}
8.     caption { font-size: 24px; margin: 12px; color: blue;}
9.     th, td { border: solid 1px blue; padding: 8px;}
10.    tfoot td { text-align: right; color: red;}
11.    </style>
12.    </head>
13. <body>
14.    <table>
15.       <caption>结构化表格标签</caption>
16.       <thead>
17.          <tr>
18.             <th>标签</th>
19.             <th>说明</th>
20.          </tr>
21.       </thead>
22.       <tfoot>
23.          <tr>
24.             <td colspan="2">* 在表格中，上述标签属于可选标签</td>
25.          </tr>
26.       </tfoot>
27.       <tbody>
28.          <tr>
29.             <td><thead></td>
30.             <td>定义表头结构</td>
31.          </tr>
32.          <tr>
```

```
33.             <td><tbody></td>
34.             <td>定义表格主体结构</td>
35.         </tr>
36.         <tr>
37.             <td><tfoot></td>
38.             <td>定义表格的页脚结构</td>
39.         </tr>
40.     </tbody>
41.   </table>
42. </body>
43. </html>
```

在上面的代码中，<tfoot>标签中有一个 colspan 属性，该属性主要功能是横向合并单元格，将表格底部的两个单元格合并为一个。在浏览器中的效果如图 4-8 所示。

标签	说明
<thead>	定义表头结构
<tbody>	定义表格主体结构
<tfoot>	定义表格的页脚结构
* 在表格中，上述标签属于可选标签	

图 4-8　结构化的表格

注意，当使用 thead、tfoot 和 tbody 元素时，必须使用全部的元素，排列次序是：thead、tfoot、tbody，且必须在 table 元素内部使用。这样浏览器就可以在收到所有数据前呈现页脚。在默认情况下，这些元素不会影响到表格的布局。不过，用户可以使用 CSS 使这些元素改变表格的外观。在<thead>标签内必须包含<tr>标签。

4.4.5　列分组的表格

col 和 colgroup 元素可以对表格中的列进行分组。使用<colgroup>标签也可以对表格中的列进行组合，以便对其进行格式化。

【示例 4-11】　使用 colgroup 元素定义每列表格的宽度。

```
1.  <!DOCTYPE html>
2.  <html>
```

```
3.  <head>
4.      <meta http-equiv="Content-Type" content="text/html; charset=utf-8" />
5.      <title>结构化表格</title>
6.      <style type="text/css">
7.      .col1 { width: 25%; color: red; font-size: 16px;}
8.      .col2 { width: 50%; color: blue;}
9.      </style>
10.     </head>
11. <body>
12.     <table width="100%" border="1">
13.         <colgroup span="2" class="col1"></colgroup>
14.         <colgroup class="2"></colgroup>
15.         <tr>
16.             <td>慈母手中线，</td>
17.             <td>游子身上衣。</td>
18.             <td>临行密密缝，</td>
19.         </tr>
20.         <tr>
21.             <td>意恐迟迟归。</td>
22.             <td>谁言寸草心，</td>
23.             <td>报得三春晖。</td>
24.         </tr>
25.     </table>
26. </body>
27. </html>
```

在浏览器中的效果如图 4-9 所示。

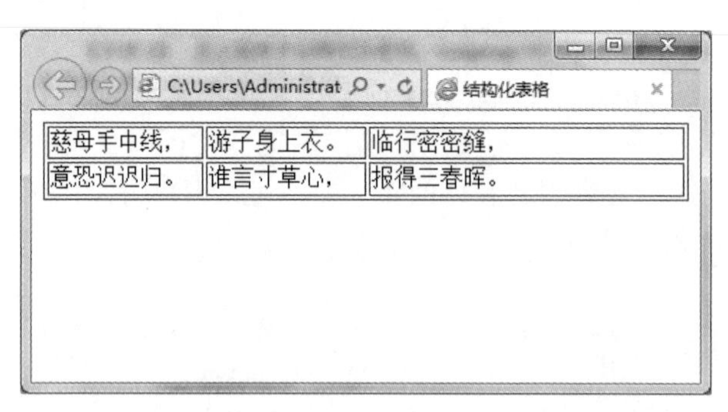

图 4-9 使用 colgroup 元素定义每列表格的宽度

span 是<colgroup>和<col>标签专用属性，规定列组应该横跨的列数。在示例 4-11 中，浏览器将表格的单元格合成列时，将每行前 2 个单元格合成第 1 个列组，后一个单元格合成第 2 个列组。这样，<colgroup>标签的其他属性就可以用于该列组包含的列中了。如果没有设置 span 属性，则每个<colgroup>或<col>标签代表一列，按顺序排列。

4.5 设置表格属性

表格标签包含大量属性，其中大部分属性都可以使用 CSS 属性代替使用，也有几个专用属性无法使用 CSS 实现。具体说明如下：

border：定义表格边框，值为整数，单位为像素。值为 0 时表示隐藏表格边框线。

cellpadding：定义数据表单元格的补白。

cellsapcing：定义数据表单元格的边界。

width：定义数据表的宽度。

frame：设置数据表的外边框线显示，是对 border 属性的功能扩展。取值包括：void（不显示任一边框线）、above（顶端边框线）、below（底部边框线）、hsides（顶部和底部边框线）、lhs（左边框线）、rhs（右边框线）、vsides（左边和右边的框线）、box（所有四周的边框线）。

rules：设置数据表的内边线显示，是对 border 属性的功能扩展。取值包括：none（禁止显示内边线）、groups（仅显示分组内边线）、rows（显示每行的水平线）、cols（显示每列的垂直线）、all（显示所有行和列的内边线）。

summary：定义表格的摘要，没有 CSS 对应的属性。

4.5.1 设计单线表格

rules 和 frame 是两个特殊的表格样式属性，用于定义表格的各个内、外边框线是否显示。使用 CSS 的 border 属性可以实现相同的效果。

【示例 4-12】 设计单线表格。

```
1. <table border="1" frame="hsides" rules="rows" width="100%">
2.     <caption>frame 属性取值说明</caption>
3.     <tr><th>值</th><th>说明</th></tr>
4.     <tr><td>void</td><td>不显示外侧边框</td></tr>
5.     <tr><td>above</td><td>显示上部的外侧边框</td></tr>
6.     <tr><td>below</td><td>显示下部的外侧边框</td></tr>
7.     <tr><td>hsides</td><td>显示上部和下部的外侧边框</td></tr>
8.     <tr><td>vsides</td><td>显示左边和右边的外侧边框</td></tr>
9.     <tr><td>lhs</td><td>显示左边的外侧边框</td></tr>
10.    <tr><td>rhs</td><td>显示右边的外侧边框</td></tr>
11.    <tr><td>box</td><td>在所有四个边上显示外侧边框</td></tr>
12. </table>
```

示例 4-12 通过 frame 属性定义表格仅显示上下框线，使用 rules 属性定义表格仅显示水平内边线，从而设计出单行线数据表格效果。在浏览器中的效果如图 4-10 所示。

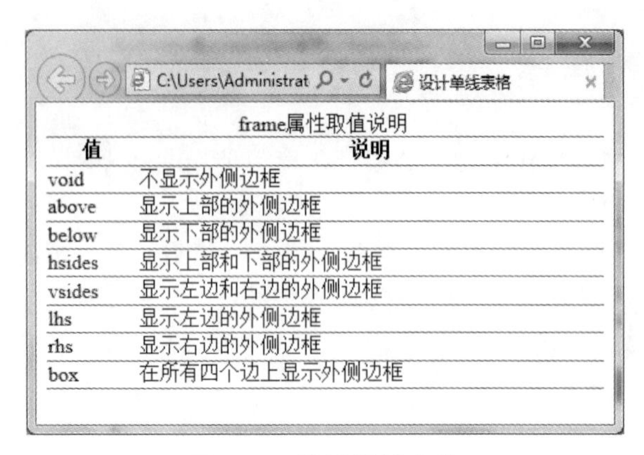

frame属性取值说明

值	说明
void	不显示外侧边框
above	显示上部的外侧边框
below	显示下部的外侧边框
hsides	显示上部和下部的外侧边框
vsides	显示左边和右边的外侧边框
lhs	显示左边的外侧边框
rhs	显示右边的外侧边框
box	在所有四个边上显示外侧边框

图 4-10　设计单线表格

4.5.2　设计井字表格

cellpadding 属性用于定义单元格边沿与其内容之间的空白，cellspacing 属性定义单元格之间的空间。它们的取值单位为像素或者百分比。

【示例 4-13】　设计井字表格。

```
1.  <table border="1" frame="void" cellpadding="6" cellspacing="16">
2.      <caption>rules 属性取值说明</caption>
3.      <tr><th>值</th><th>说明</th></tr>
4.      <tr><td>none</td><td>没有线条</td></tr>
5.      <tr><td>groups</td><td>位于行组和列组之间的线条</td></tr>
6.      <tr><td>rows</td><td>位于行之间的线条</td></tr>
7.      <tr><td>cols</td><td>位于列之间的线条</td></tr>
8.      <tr><td>all</td><td>位于行和列之间的线条</td></tr>
9.  </table>
```

示例 4-13 中通过 frame 属性隐藏表格外框，然后使用 cellpadding 属性定义单元格内容的边距为 6 像素，单元格之间的间距为 16 像素。在浏览器中的效果如图 4-11 所示。

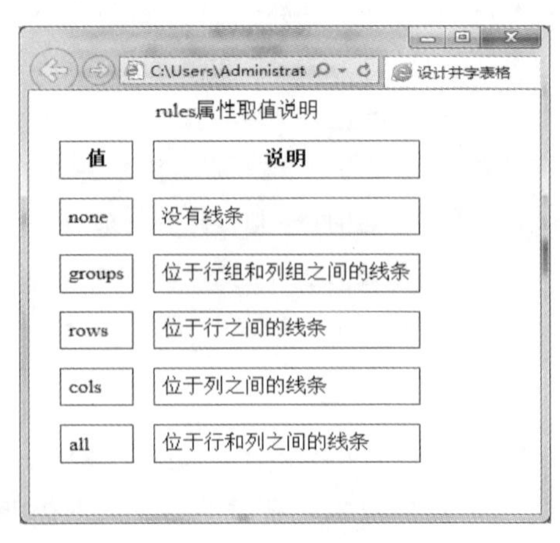

rules属性取值说明

值	说明
none	没有线条
groups	位于行组和列组之间的线条
rows	位于行之间的线条
cols	位于列之间的线条
all	位于行和列之间的线条

图 4-11　设计井字表格

4.5.3 设计细线表格

使用<table>标签的 border 属性可以定义表格的边框粗细，其取值单位为像素，当值为 0 时表示隐藏边框线。

【示例 4-14】 设计细线表格。

```
1. <table border="1" rules="all" width="100%">
2.     <caption>rules 属性取值说明</caption>
3.     <tr><th>值</th><th>说明</th></tr>
4.     <tr><td>none</td><td>没有线条</td></tr>
5.     <tr><td>groups</td><td>位于行组和列组之间的线条</td></tr>
6.     <tr><td>rows</td><td>位于行之间的线条</td></tr>
7.     <tr><td>cols</td><td>位于列之间的线条</td></tr>
8.     <tr><td>all</td><td>位于行和列之间的线条</td></tr>
9. </table>
```

在浏览器中的效果如图 4-12 所示。

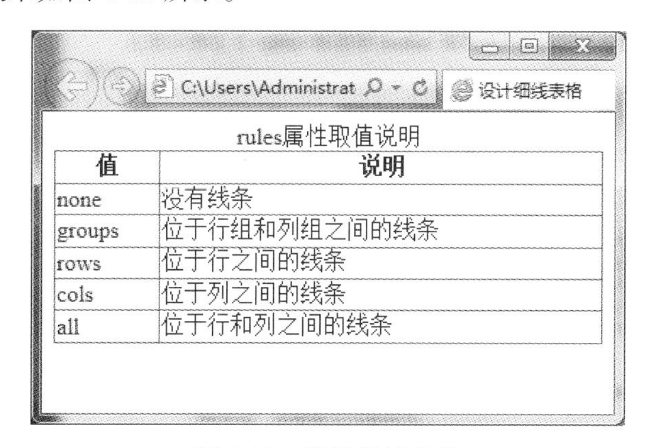

图 4-12 设计细线表格

4.6 设置单元格属性

单元格标签也包含大量属性，其中大部分属性都可以使用 CSS 属性代替使用，但也有几个专用属性无法使用 CSS 实现。HTML5 支持的属性说明如下：

abbr：定义单元格中内容的缩写版本。

align：定义单元格内容的水平对齐方式，取值包括：right（右对齐）、left（左对齐）、center（居中对齐）、justify（两端对齐）和 char（对准指定字符）。功能类似 CSS 中的 text-align 属性，建议使用 CSS 完成设计。

axis：对单元进行分类，取值为一个类名。

char：定义根据哪个字符来进行内容的对齐。

charoff：定义对齐字符的偏移量。

colspan：定义单元格可横跨的列数。

headers：定义与单元格相关的表头。

rowspan：定义单元格可横跨的行数。

scope：定义将表头数据与单元格数据相关联的方法，取值包括：col（列的表头）、colgroup（列组的表头）、row（行的表头）、rowgroup（行组的表头）。

valign：定义单元格内容的垂直排列方式，取值包括：top（顶部对齐）、middle（居中对齐）、bottom（底部对齐）、baseline（基线对齐）。其功能类似 CSS 中的 vertical-align 属性，建议使用 CSS 完成设计。

4.6.1　单元格跨列或跨行显示

colspan 和 rowspan 是两个重要的单元格属性，分别用来定义单元格可跨列或跨行显示。取值为正整数，如果取值为 0，则表示浏览器横跨到列组的最后一列，或者行组的最后一行。

【示例 4-15】　单元格跨列或跨行。

```
1. <table border="1">
2.     <tr>
3.         <th align="center" colspan="5">课程表</th>
4.     </tr>
5.     <tr>
6.         <th>星期一</th><th>星期二</th><th>星期三</th>
7.         <th>星期四</th><th>星期五</th>
8.     </tr>
9. </table>
```

在浏览器中的效果如图 4-13 所示。

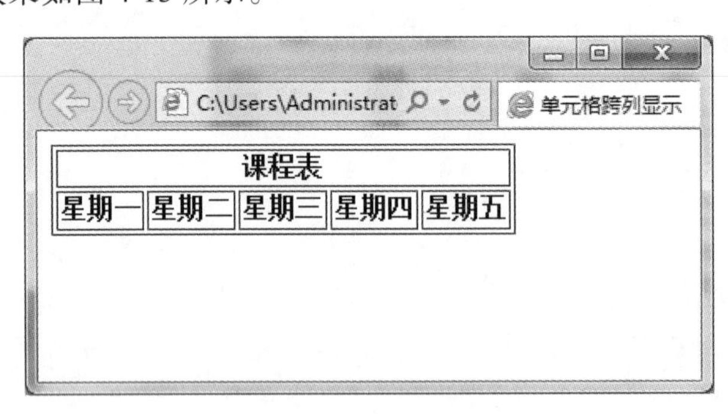

图 4-13　单元格跨列显示

4.6.2　定义表头单元格

使用 scope 属性，可以将单元格与表头单元格联系起来。其中，属性值 row 表示将当前行的所有单元格和表头单元格绑定起来；属性值 col 表示将当前列的所有单元格和表头单元格绑定起来；属性值 rowgroup 表示将单元格所在的行组和表头单元格绑定起来；属性值 colgroup 表示将单元格所在的列组和表头单元格绑定起来。

【示例 4-16】 定义表头单元格。

```
1. <table border="1">
2.     <tr>
3.         <th></th>
4.         <th scope="col">月份</th>
5.         <th scope="col">金额</th>
6.     </tr>
7.     <tr>
8.         <td scope="row">1</td>
9.         <td>9</td>
10.        <td>$10.00</td>
11.    </tr>
12. </table>
```

示例 4-16 中将两个 th 元素标识为列的表头，将两个 td 元素标识为行的表头。

4.6.3 为单元格指定表头

使用 headers 属性可以为单元格指定表头，该属性的值是一个表头名称的字符串，这些名称是用 id 属性定义的不同表头单元格的名称。

headers 属性对那些在显示出相关数据单元格内容之前就显示表头单元格的浏览器非常有用。

【示例 4-17】 为表格中不同的数据单元格绑定表头。

```
1. <table border="1" width="100%">
2.     <tr>
3.         <th id="name">姓名</th>
4.         <th id="email">电子邮件</th>
5.         <th id="phone">电话</th>
6.         <th id="address">地址</th>
7.     </tr>
8.     <tr>
9.         <td headers="name">张三</td>
10.        <td headers="email">zhangsan@163.com</td>
11.        <td headers="phone">13322223333</td>
12.        <td headers="address">长安路</td>
13.    </tr>
14. </table>
```

在浏览器中的效果如图 4-14 所示。

图 4-14　为表格中不同的数据单元格绑定表头

4.7　设计 CSS 样式

CSS 为表格定义了 5 个专用属性，详细说明如下：

border-collpse：定义表格的行和单元格的边是合并在一起还是按照标准的 HTML 样式分开，取值为 separate（边分开）和 collapse（边合并）。

border-spacing：定义当表格边框独立时，行和单元格的边在横向和纵向上的间距，不能为负值。

caption-side：定义表格的 caption 对象位于表格的顶部或底部。应与 caption 元素一起使用。取值为 top 或 bottom。

empty-cells：定义当单元格无内容时，是否显示该单元格的边框，取值为 show 和 hide。

table-layout：定义表格的布局算法，可以通过该属性改善表格呈递性能。取值为 auto 和 fixed。如果设置为 fixed，会以一次一行的方式呈递表格内容从而提供给用户更快的速度；如果设置 auto 属性值，则表格在每一单元格内所有内容读取计算之后才会显示出来。

4.7.1　设计细线表格

使用 CSS 的 border 属性代替<table>标签的 border 属性定义表格边框，以提升设计效率，优化代码结构。

【示例 4-18】　设计细线边框样式的表格。

```
1.  <!DOCTYPE html>
2.  <html>
3.  <head>
4.      <meta http-equiv="Content-Type" content="text/html; charset=utf-8" />
5.      <title>细线边框样式的表格</title>
6.      <style type="text/css">
7.        th, td {font-size: 12px; border: solid 1px gray;}
8.      </style>
```

```
9.     </head>
10. <body>
11.     <table border="1">
12.         <tr>
13.             <th>序号</th>
14.             <th>月份</th>
15.             <th>金额</th>
16.         </tr>
17.         <tr>
18.             <td>1</td>
19.             <td>9</td>
20.             <td>$10.00</td>
21.         </tr>
22.         <tr>
23.             <td>2</td>
24.             <td>10</td>
25.             <td>$12.00</td>
26.         </tr>
27.     </table>
28. </body>
29. </html>
```

在浏览器中的效果如图 4-15 所示。

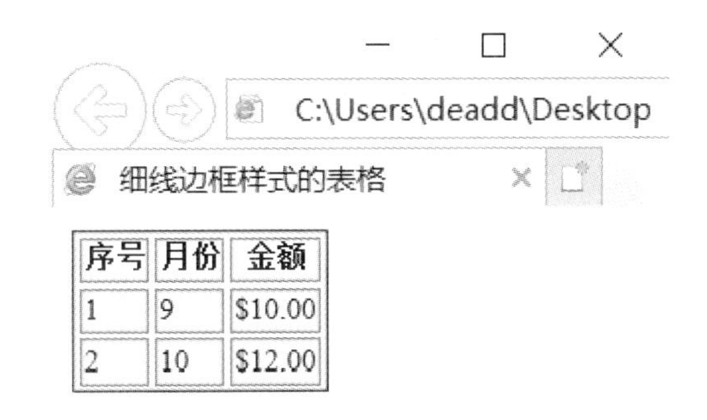

图 4-15　细线边框样式的表格

可以看到，使用 CSS 定义的单行线不是连贯的线条，因为表格中的每个单元格都是一个独立的空间。如果在内部样式表中，为 table 元素添加如下样式，则可以对相邻单元格边框进行合并。

```
table { border-collapse: collapse;}    /* 合并单元格边框 */
```

在浏览器中的效果如图 4-16 所示。

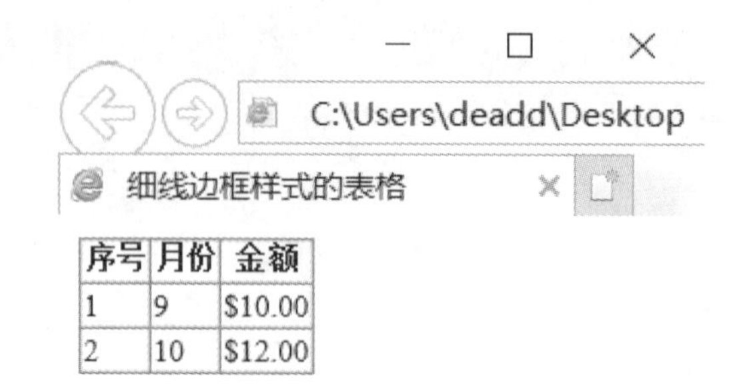

序号	月份	金额
1	9	$10.00
2	10	$12.00

图 4-16　合并单元格边框

4.7.2　定义单元格间距和空隙

为了兼容<table>标签的 cellspacing 属性，CSS 定义了 border-spacing 属性，该属性能够分离单元格间距。取值包含一个或两个值。当定义一个值时，则定义单元格行间距和列间距都为该值。当定义两个值时，第一个值表示单元格之间的行间距，第二个值表示单元格之间的列间距，不能为负数。使用 cellspacing 属性定义单元格之间的距离后，该空间由表格背景填充。

需要注意：

（1）使用 cellspacing 属性时，应确保单元格之间相互独立性，不能使用 border-collapse: collapse;样式定义合并表格内单元格的边框。

（2）cellsapcing 属性不能用 CSS 的 margin 属性来代替。td 元素不支持 margin 属性。

（3）可以为单元格定义补白，此时使用 CSS 的 padding 属性与单元格的 cellpadding 标签属性实现效果是相同的。

4.8　盒子模型

在网页设计中，常会听到这些名词概念：内容（content）、填充（补白、内边距、padding）、边框（border）、边界（外边距、margin）。日常生活中所见的例子也就是能装东西的一种箱子，也具有这些属性，所以可以把这些名词抽象为盒子模型概念。

4.8.1　基础结构

每个盒子都有边界、边框、填充、内容 4 个属性。每个属性都包括上、下、左、右 4 个部分。属性的 4 个部分可以同时设置，也可以分别设置。

内容（content）就是盒子里装的东西，填充（padding）就是怕盒子里装的东西损坏而添加的泡沫或者其他抗振辅料，边框（border）就是盒子本身，边界（margin）则说明盒子摆放的时候不能全部堆在一起，要留一定空隙通风，也为了方便取出。

在网页中，内容常指文字、图片等信息或元素，也可以是小盒子（嵌套结构），与现实生活中盒子不同的是，现实生活中的东西一般不能大于盒子，而 CSS 盒子具有弹性。网页中任何元素都可以视为一个盒子，所有盒模型就是页面元素的基本模型结构。从外向内，盒模型包括边界、边框、补白和内容四大区域。盒子模型如图 4-17 所示。

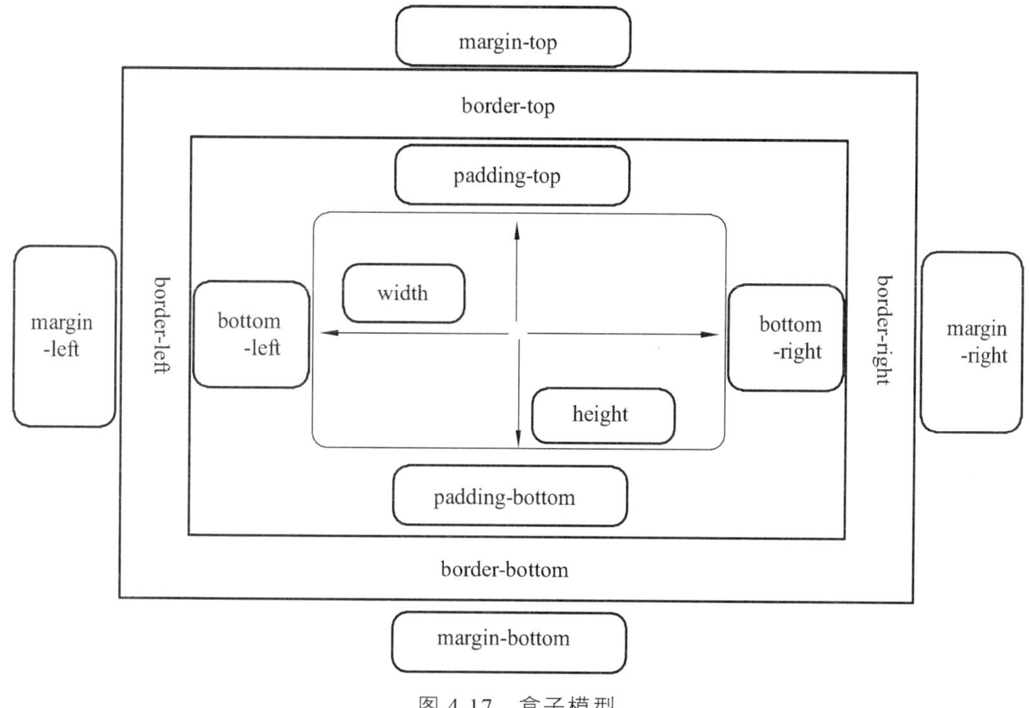

图 4-17　盒子模型

1．定义大小

CSS 盒子模型使用 width（宽）和 height（高）定义内容区域的大小，也可以通过以下 4 个属性灵活控制盒子模型的大小。这些属性在网页弹性布局中非常有用：

min-width：设置对象的最小宽度。

max-width：设置对象的最大宽度。

min-height：设置对象的最小高度。

max-height：设置对象的最大高度。

2．定义边框

边框样式由 CSS 的 border 属性负责定义，包括 3 个子属性：border-style（边框样式）、border-color（边框颜色）和 border-width（边框宽度）。

定义边框宽度可以直接在属性后面指定宽度值，也可以使用 border-top-width（顶边框宽度）、border-right-width（右边框宽度）、border-bottom-width（底边框宽度）和 border-left-width（左边框宽度）来单独为元素的某条边设置宽度。

定义边框颜色可以使用颜色名、RGB 颜色值或者十六进制颜色值。

边框样式有以下几种：

none：默认值，无边框，不受指定的 border-width 值影响。

hidden：隐藏边框。

dotted：点线边框。
dashed：虚线边框。
solid：实线边框。
double：双线边框，两条线及其间隔宽度之和等于指定的 border-width 值。
groove：根据 border-color 值定义 3D 凹槽。
ridge：根据 border-color 值定义 3D 凸槽。
inset：根据 border-color 值定义 3D 凹边。
outset：根据 border-color 值定义 3D 凸边。

【示例 4-19】 定义大小和边框。

```
1.  <!DOCTYPE html>
2.  <html>
3.  <head>
4.      <meta http-equiv="Content-Type" content="text/html; charset=utf-8" />
5.      <title>大小和边框</title>
6.      <style type="text/css">
7.        #box {    /* 定义外框 */
8.          width:400px;
9.          height:300px;
10.         padding: 8px 24px;
11.         margin: 6px;
12.         border-style: outset;       /* 定义边框为 3D 凸边效果 */
13.         border-width: 4px;          /* 定义边框宽度 */
14.         border-color: #aaa;         /* 定义边框颜色 */
15.         font-size: 14px;
16.         color: red;
17.         list-style-position: inside;      /* 定义列表符号在内部显示 */
18.       }
19.       #box h2 {    /* 定义标题格式 */
20.         padding-bottom: 12px;
21.         border-bottom-style: double;     /* 定义标题底边框为双线 */
22.         border-bottom-width: 6px;        /* 定义标题底边框宽度 */
23.         border-bottom-color: #999;       /* 定义标题底边框颜色 */
24.         text-align: center;
25.       }
26.       #box li {
27.         padding: 6px 0;                      /* 增加列表项之间的间距 */
28.         border-bottom-style: dotted;         /* 定义列表项底边框为点线 */
29.         border-bottom-width: 1px;            /* 定义列表项底边框宽度 */
30.         border-bottom-color: #66cc66;        /*定义列表项底边框颜色 */
```

```
31.         }
32.     </style>
33.     </head>
34. <body>
35.     <ol id="box">
36.         <h2>边框样式</h2>
37.         <li>none：默认值，无边框</li>
38.         <li>hidden：隐藏边框</li>
39.         <li>dotted：定义点线</li>
40.         <li>dashed：定义虚线</li>
41.         <li>solid：定义实线</li>
42.     </ol>
43. </body>
44. </html>
```

在浏览器中的效果如图 4-18 所示。

图 4-18　边框和大小

3．定义边界

元素的边距由 CSS 的 margin 属性控制，margin 定义了元素与其他相邻元素的距离。它有 4 个子属性：margin-top（顶部边界）、margin-right（右侧边界）、margin-bottom（底部边界）和 margin-left（左侧边界），这些属性分别控制元素在不同方位上与其他元素的间距。

为了提高代码编写效率，CSS 提供了边界定义的简写方式：

如果 4 个边界相同，则直接使用 margin 属性定义，为 margin 设置一个值即可。

如果 4 个边界不同，则可以在 margin 属性中定义 4 个值，用空格进行分隔，代表边的顺序是顶部、右侧、底部和左侧，即从顶部开始按顺时针方向进行设置。如果某个边没有定义大小，则可以使用 auto（自动）进行代替，但是必须设置一个值，否则会产生歧义。

如果上下边界不同，左右边界相同，则可以使用 3 个值进行代替，代表边的顺序是顶部、左右侧、底部。

如果上下边界相同，左右边界也相同，则直接使用两个值进行代替，顺序是上下边界、左右边界。

4．定义补白

补白是用来调整元素包含的内容与元素边框的距离，由 padding 属性定义。补白不会影响元素的大小，但由于在布局中补白同样占据空间，所以在布局时应考虑补白对于布局的影响。如果在没有明确定义元素的宽度和高度的情况下，使用补白来调整元素内容的显示位置要比边界更加安全可靠。

padding 与 margin 属性一样，可以快速简写，也可以利用 apdding-top、padding-right、padding-bottom 和 padding-left 来分别定义四边的补白大小。

【示例 4-20】 边界与补白。

```
1.  <!DOCTYPE html>
2.  <html>
3.  <head>
4.     <meta http-equiv="Content-Type" content="text/html; charset=utf-8" />
5.     <title>边界与补白</title>
6.     <style type="text/css">
7.       ul {     /* 清除列表样式 */
8.          margin: 0;
9.          padding: 0;
10.         list-style-type: none;
11.      }
12.      #nav {width: 100%; height: 32px;}      /* 定义列表框宽和高 */
13.      #nav li {     /* 定义列表项样式 */
14.         float: left;                       /* 浮动列表项 */
15.         width: 9%;                         /* 定义百分比宽度 */
16.         padding: 0 5%;                     /* 定义百分比补白 */
17.         margin: 0 2px;                     /* 定义列表项间隔 */
18.         background: #aaaaaa;               /* 定义列表项背景色 */
19.         font-size: 16px;
20.         line-height: 32px;                 /* 垂直居中 */
21.         text-align: center;                /* 平行居中 */
```

```
22.         }
23.     </style>
24.     </head>
25. <body>
26.     <ul id="nav">
27.         <li>无边框</li>
28.         <li>隐藏边框</li>
29.         <li>定义点线</li>
30.         <li>定义虚线</li>
31.         <li>定义实线</li>
32.     </ul>
33. </body>
34. </html>
```

在浏览器中的效果如图 4-19 所示。

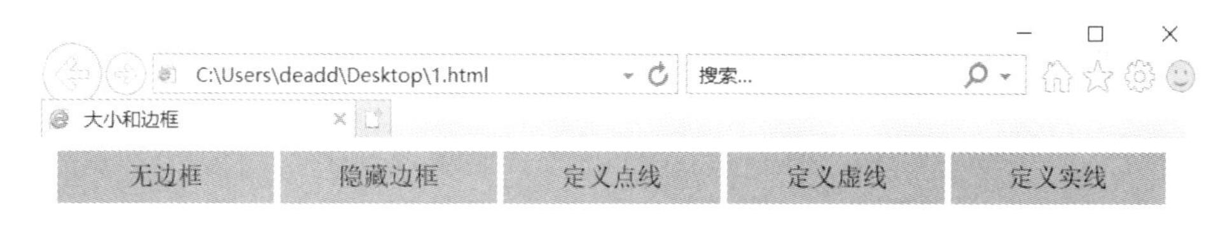

图 4-19　边界与补白

4.8.2　完善盒子模型

CSS3 改善了传统盒子模型结构，增强了盒子构成要素的功能，扩展了盒子模型显示的方式。

改善结构：除了传统的内容、边框、补白和边界外，新增了轮廓。

增强功能：增强了 CSS 自动添加内容功能，以及内容溢出、换行处理功能；允许多重定义背景图、控制背景图显示方式等；增加背景图边框、多重边框、圆角边框等功能；完善 margin:auto；布局特性。

扩展显示：完善传统的块显示特性，增加弹性、伸缩盒显示功能，丰富网页布局手段。

1. 定义元素尺寸大小

为了增强用户体验，CSS3 增加了一个重要的属性：resize，它允许用户通过拖动的方式改变元素的尺寸，主要用于可以使用 overflow 属性的任何容器元素中。

resize 属性的默认值为 none，取值说明如下：

none：浏览器不提供尺寸调整机制，用户不能调节元素的尺寸。

both：浏览器提供双向尺寸调整机制，允许用户调节元素的宽度和高度。

horizontal：浏览器提供单向水平尺寸调整机制，允许用户调节元素的宽度。

vertical：浏览器提供单向垂直尺寸调整机制，允许用户调节元素的高度。

inherit：默认继承。

【示例 4-21】 可以自由调整图片的大小。

```
1. <!DOCTYPE html>
2. <html>
3. <head>
4.     <meta http-equiv="Content-Type" content="text/html; charset=utf-8" />
5.     <title>边界与补白</title>
6.     <style type="text/css">
7.       #resize {
8.           /* 以背景方式显示图像，这样可以更轻松地控制缩放操作 */
9.           background: url(images/1.jpg);
10.          /* 背景图像仅在内容区域显示，留出补白区域 */
11.          background-clip: content;
12.          /* 设计元素最小和最大显示尺寸，用户也只能在该范围内自由调整 */
13.          width: 200px;
14.          height: 120px;
15.          max-width: 400px;
16.          max-height: 300px;
17.          padding: 6px;
18.          border: 1px solid red;
19.          /* 必须同时定义 overflow 和 resize，否则 resize 属性声明无效 */
20.          resize: both;
21.          overflow: auto;
22.      }
23.    </style>
24.    </head>
25. <body>
26.    <div id="resize"></div>
27. </body>
28. </html>
```

目前除了 IE 浏览器外，其他主流浏览器都允许元素的缩放，效果如图 4-20 所示。

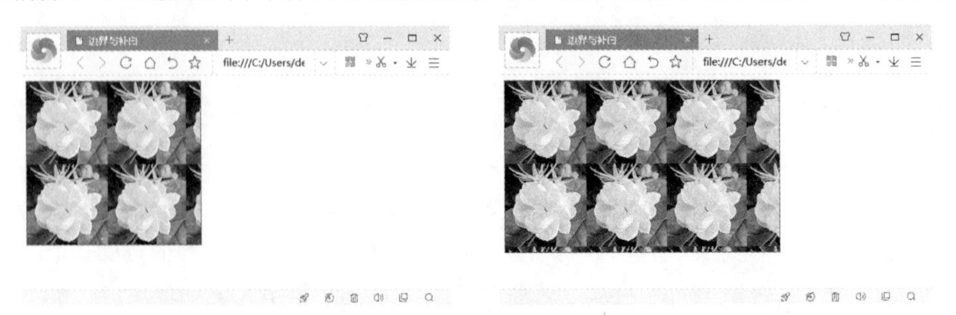

图 4-20 可以自由调整图片的大小

2．溢出处理

overflow-x 和 overflow-y 属性是 CSS3 基础盒子模型中新加入的特性。overflow 属性定义当一个块级元素的内容溢出了元素的框时，是否剪切显示。overflow-x 属性定义了对左右边水平方向的剪切，而 overflow-y 属性定义了对上下边垂直方向的剪切。它们适用于非替换的块元素或行内块元素，取值说明如下：

visible：不剪切内容，也不添加滚动条，为该属性的默认值，元素将被剪切为包含对象的窗口大小，且 clip 属性设置将失效。

auto：在需要时剪切内容并添加滚动条。为 body 和 textarea 元素的默认值。

hidden：不显示超出元素尺寸的内容。

scroll：当内容超出元素尺寸，则 overflow-x 显示为横向滚动条，overflow-y 显示为纵向滚动条。

no-display：当内容超出元素尺寸，则不显示元素。

no-content：当内容超出元素尺寸，则不显示内容。

【示例 4-22】 溢出处理的效果。

```
1. <!DOCTYPE html>
2. <html>
3. <head>
4.    <meta http-equiv="Content-Type" content="text/html; charset=utf-8" />
5.    <title>溢出处理的效果</title>
6.    <style type="text/css">
7.      #cont1 div, #cont2 div {width: 300px; height: 200px;}
8.      #cont3 div, #cont4 div {width: 100px; height: 50px;}
9.      .cont {
10.        float: left;
11.        margin: 4px;
12.        overflow-y: visible;
13.        padding: 10px;
14.        width: 200px;
15.        height: 100px;
16.     }
17.     .cont div { border: solid 2px ;}
18.   </style>
19.   </head>
20. <body>
21.   <div id="cont1" class="cont" style="overflow-x: scroll;">
22.      <div>style="overflow-x: scroll;"</div>
23.   </div>
24.   <div id="cont2" class="cont" style="overflow-x: hidden;">
```

```
25.         <div>style="overflow-x: hidden;"</div>
26.     </div>
27.     <div id="cont3" class="cont" style="overflow-x: scroll;">
28.         <div>style="overflow-x: scroll;"</div>
29.     </div>
30.     <div id="cont4" class="cont" style="overflow-x: hidden;">
31.         <div>style="overflow-x: hidden;"</div>
32.     </div>
33. </body>
34. </html>
```

在浏览器中的效果如图 4-21 所示。

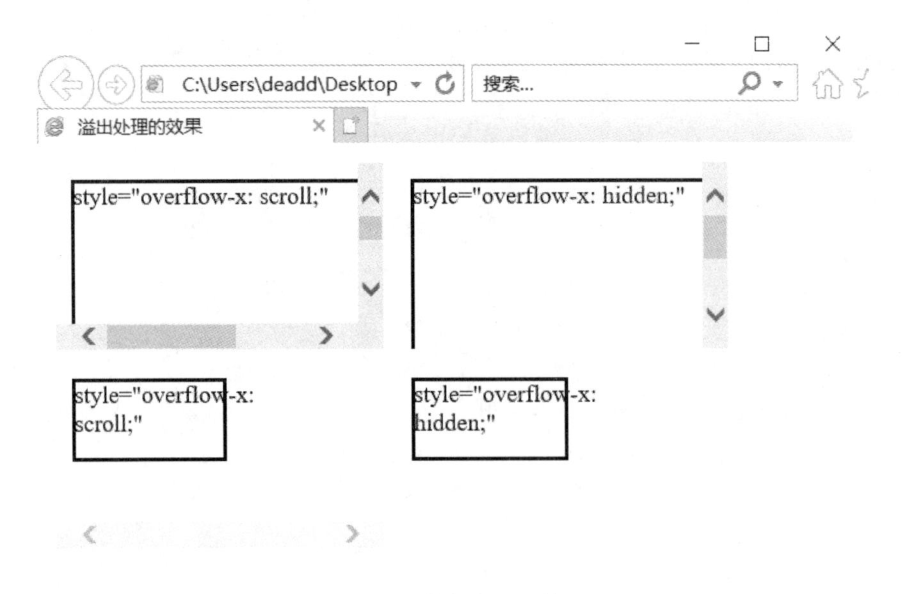

图 4-21　溢出处理的效果

3．定义轮廓及轮廓样式

outline 属性可以定义块元素的轮廓线，在元素周围绘制一条轮廓线，可以起到突出元素的作用。其属性取值说明如下：

outline-color：定义轮廓边框颜色。其属性值为颜色名、RGB 值或者十六进制颜色值。属性的初始值为 invert，执行颜色反转，确保轮廓线在不同的背景颜色中都是可见的。

outline-style：定义轮廓边框轮廓。取值包括 none、dotted、solid、double、groove、ridge、inset、outset 等。

outline-width：定义轮廓边框宽度。

outline-offset：定义轮廓边框偏移位置的数值。属性值为长度值。

inherit：默认继承。

outline 属性创建的轮廓线总是在顶上，不会影响该框或任何其他框的尺寸，也不会破坏网页布局。

【示例 4-23】 轮廓样式。

```
1.  <!DOCTYPE html>
2.  <html>
3.  <head>
4.      <meta http-equiv="Content-Type" content="text/html; charset=utf-8" />
5.      <title>轮廓样式</title>
6.      <style type="text/css">
7.          /* 定义表单外框样式 */
8.          .myform { margin: 0 auto; width: 300px; padding: 14px;}
9.          /* 设计表单内 div 和 p 通用样式 */
10.         #stylized h1 {
11.             font-size: 14px; font-weight: bold;
12.             margin-bottom: 8px;
13.         }
14.         #stylized label {   /* 定义表单标签样式 */
15.             display: block; float: left;
16.             font-weight: bold; text-align: right;
17.             width: 100px; height: 30px;
18.         }
19.          /* 统一输入文本框样式 */
20.         #stylized input {
21.             float: left; width: 150px; font-size: 12px;
22.             padding: 4px 2px; margin: 2px 0 20px 10px;
23.             border: solid 1px #aacfe4;
24.         }
25.         /* 设计表单内文本框在被激活和获取焦点状态下时，轮廓线的样式 */
26.         input:focus { outline: thick solid #b7ddf2;}
27.         input:active { outline: thick solid #aaa;}
28.         /* 通过 outlineoffset 放大轮廓线 */
29.         input:active { outline-offset: 4px;}
30.         input:focus { outline-offset: 4px;}
31.     </style>
32.     </head>
33. <body>
34.     <div id="stylized" class="myform">
35.         <form id="form1" name="form1" method="post" action="">
36.             <h1>登录</h1>
37.             <label>账号</label>
```

```
38.             <input type="text" name="textfield" id="textfield" />
39.             <label>密码</label>
40.             <input type="text" name="textfield" id="textfield" />
41.         </form>
42.     </div>
43. </body>
44. </html>
```

在浏览器中的效果如图 4-22 所示。

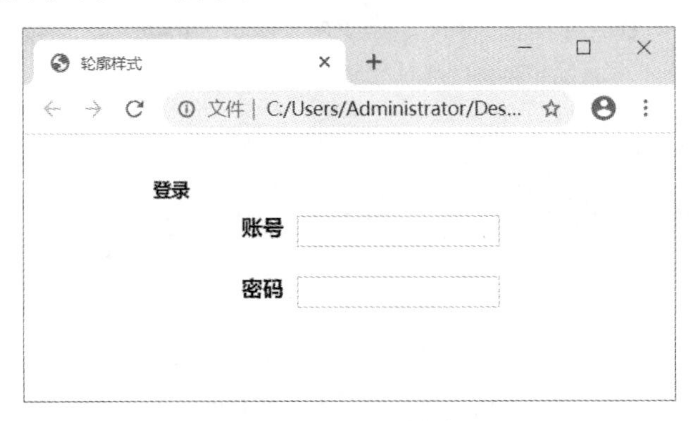

图 4-22　轮廓样式

4.9　页面布局

网页内容都是由各种标签标识的，正确使用各种标签，以及标签之间的嵌套关系，会直接影响页面的用户体验及相关性，而且还在一定程度上会影响网站的整体结构及页面被收录的数量。

为了使文档的结构更加清晰明确，HTML5 新增与页眉、页脚、内容块等文档结构相关联的结构元素。说明如下：

div：表示区块，提供了将文档分割为有意义的区域的方法。通过将主要内容区域包围在 div 中并分配 id 或 class，就在文档中添加有意义的结构。

article：表示文档、页面中独立、完整、可以独自被外部引用的内容。

section：用于对网站或应用程序中页面上的内容进行分区，通常由内容及其标题组成。当一个容器需要被直接定义样式或通过脚本定义行为时，推荐使用 div。

nav：一个可以用作页面导航的链接组，其中的导航元素链接到其他页面或当前页面的其他部分。

aside：表示当前页面或文章的附属信息部分，可以包含与当前页面或主要内容相关的引用、侧边栏、广告、导航条，以及其他类似的有别于主要内容的部分。

main：表示网页中的主要内容，即与网页标题或应用程序中本页主要功能直接相关或进行扩展的内容。该区域应该为每一个网页中所特有的内容。每个网页内部只能放置一个 main 元素，不能将 main 元素放在任何 article、aside、footer、header 或 nav 元素内部。

header：具有引导和导航作用的结构元素，通常用来放置整个页面或页面内一个内容区块的标题。

hgroup：为标题或子标题进行分组，通常与 h1 ~ h6 元素组合使用，一个内容块中的标题及其子标题可以通过 hgroup 元素组成一组。如果文章只有一个主标题，则不需要 hgroup 元素。

footer：作为内容块的注脚，如添加注释、版权信息等。

4.9.1 浮动显示

浮动显示不同于流动模式，它能够让对象脱离左右相邻元素，在包含框内向左或右侧浮动显示。

1. 定义浮动显示

在默认情况下，任何元素都不具有浮动特性，可以使用 CSS 的 float 属性定义元素向左或向右浮动。float 属性的取值如下：

left：元素向左浮动。

right：元素向右浮动。

none：消除浮动。

2. 清除浮动

使用 clear 属性可以清除浮动，定义与浮动相邻的元素在必要的情况下换行显示，这样可以控制浮云元素挤在一行内显示。clear 属性取值如下：

left：清除左边的浮动元素，如果左边存在浮动元素，则当前元素会换行显示。

right：清除右边的浮动元素，如果右边存在浮动元素，则当前元素会换行显示。

both：清除两边的浮动元素，如果两边存在浮动元素，则当前元素会换行显示。

none：默认值，允许两边都可以存在浮动元素，当前元素不会主动换行显示。

【示例 4-24】 并列浮动显示。

```
1.  <!DOCTYPE html>
2.  <html>
3.  <head>
4.     <meta http-equiv="Content-Type" content="text/html; charset=utf-8" />
5.     <title>并列浮动显示</title>
6.     <style type="text/css">
7.        #main { /* 定义网页包含框样式 */
8.           width: 400px; margin: auto; padding: 4px;
9.           line-height: 160px; color: #fff; font-size: 20px;
10.          border: solid 2px red;
11.       }
12.       #main div {  /* 定义并列栏目向左浮动显示 */
```

```
13.             float: left; height: 160px;
14.         }
15.         #left { width: 100px; background: red; }
16.         #middle { width: 200px; background: blue;}
17.         #right { width: 100px; background: green;}
18.         .clear { clear: both;}
19.     </style>
20.     </head>
21. <body>
22.     <div id="main">
23.         <div id="left">左侧栏目</div>
24.         <div id="middle">中间栏目</div>
25.         <div id="right">右侧栏目</div>
26.         <br class="clear" />
27.     </div>
28. </body>
29. </html>
```

在浏览器中的效果如图 4-23 所示。

图 4-23　并列浮动显示

3．浮动嵌套

浮动元素可以相互嵌套，嵌套规律与流动元素嵌套相同。浮动的包含元素总会自动调整自身高度和宽度以实现对浮动子元素的包含。

【示例 4-25】　浮动嵌套。

```
1.  <!DOCTYPE html>
2.  <html>
3.  <head>
```

```
4.     <meta http-equiv="Content-Type" content="text/html; charset=utf-8" />
5.     <title>浮动嵌套</title>
6.     <style type="text/css">
7.        .wrap { border: solid 10px red; float: left; margin: 4px; }
8.        .sub { width: 200px; height: 200px; float: left; background: blue;}
9.     </style>
10.    </head>
11. <body>
12.    <div class="wrap">
13.       <div class="sub"></div>
14.    </div>
15.    <span class="wrap">
16.       <span class="sub"></span>
17.    </span>
18. </body>
19. </html>
```

在浏览器中的效果如图 4-24 所示。

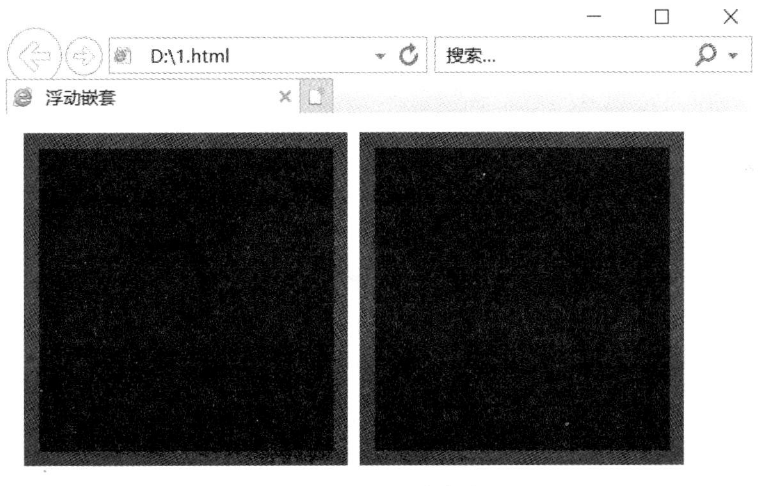

图 4-24　浮动嵌套

4.9.2　定位显示

定位布局的设计思路比较简单，它允许用户精确定义网页元素的显示位置，可以是绝对位置，也可以是相对位置。

1. 定义定位显示

在 CSS 中可以通过 position 属性定义元素定位显示，取值说明如下：

static：表示不定位，默认值。

absolute：表示绝对定位，将元素从文档流中拖出来，然后使用 left、right、top、bottom 属性相对于其最接近的一个具有定位属性的父定位包含框进行绝对定位。如果不存在这样的定位包含框，则相对于浏览器窗口，而其层叠顺序则通过 z-index 属性来定义。

fixed：表示固定定位，与 absolute 定位类型类似，但它的定位包含框是视图本身，由于视力本身是固定的，不会随浏览器窗口的滚动条滚动而变化，因此固定定位的元素会始终位于浏览器窗口内视图的某个位置，不会受文档流动影响。

relative：表示相对定位，它通过 left、right、top、bottom 属性确定元素在正常文档流中偏移位置。相对定位完成的过程是首先按 static 方式生成一个元素，然后移动这个元素，移动方向和幅度由 left、right、top、bottom 属性确定，元素的形状和偏移前的位置保留不动。

与浮动元素一样，绝对定位元素以块状显示，它会为所有子元素建立一个定位包含框，所有被包含元素都以定位包含框作为参照物进行定位，或在其内部浮动和流动。

【示例 4-26】 定位显示。

```
1.  <!DOCTYPE html>
2.  <html>
3.  <head>
4.      <meta http-equiv="Content-Type" content="text/html; charset=utf-8" />
5.      <title>定位显示</title>
6.      <style type="text/css">
7.          /* 定义一个 div 元素对象为绝对定位，并设置距离窗口左边和上边的距离 */
8.          #contain {
9.              position: absolute; left: 120px; top: 30px; background: #F08080;
10.         }
11.         #contain div {
12.             color: #993399; border: solid 1px #FF0000;
13.         }
14.         #sub_div1 { /* 定义第 1 个子元素为绝对定位 */
15.             width: 80px; height: 80px; position: absolute;
16.             right: 10px;       /* 定义右边距离父级定位包含框的右边距离 */
17.             bottom: 10px;      /* 定义底边距离父级定位包含框的底边距离 */
18.             background: #FEF68F;
19.         }
20.         #sub_div2 { /* 定义第 2 个子元素为浮动布局 */
21.             width: 80px; height: 80px; float: left; background: #DDA0DD;
22.         }
23.         #sub_div3 { /* 定义第 3 个子元素的样式 */
24.             width: 100px; height: 90px; background: #CCFF66;
25.         }
26.     </style>
```

```
27.    </head>
28. <body>
29.    <div id="contain">元素-绝对定位
30.        <div id="sub_div1">子元素 1-绝对定位</div>
31.        <div id="sub_div2">子元素 2-浮动</div>
32.        <div id="sub_div3">子元素 3-流动</div>
33.    </div>
34. </body>
35. </html>
```

在浏览器中的效果如图 4-25 所示。

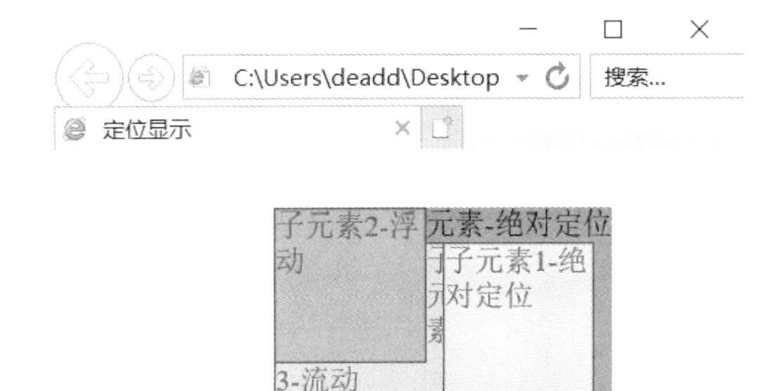

图 4-25　定位显示

定位框是标准布局中一个重要概念，是绝对定位的基础。它是为绝对定位元素提供坐标偏移和显示范围的参照物。在默认状态下，body 元素就是一个根定位包含框。如果定义了包含元素为定位框之后，对于被包含的绝对定位元素来说，就会根据最接近的具有定位功能的上级包含元素来决定自己的显示位置。

有了定位包含框，就可以灵活设置绝对定位的坐标原点和它的参考值。绝对定位打破了元素的固有排列顺序，满足如内容优先的排版需要，也给复杂的浮动布局带来方便。

2．相对定位

相对定位元素的偏移量是根据它在正常文档流里的原始位置计算的，它的偏移量同样取决于 top、right、bottom 和 left 属性。

【示例 4-27】　相对定位。

```
1.  <!DOCTYPE html>
2.  <html>
3.  <head>
4.     <meta http-equiv="Content-Type" content="text/html; charset=utf-8" />
5.     <title>定位显示</title>
```

```
6.     <style type="text/css">
7.         p { margin: 60px; font-size: 14px;}
8.         p span { position: relative;}
9.         p strong {  /* 相对定位 */
10.            position: relative;
11.            left: 10px; top: -40px;
12.            font-size: 16px;
13.        }
14.    </style>
15.    </head>
16. <body>
17.    <p>
18.        <span>
19.            <strong>静夜思</strong>唐 李白
20.        </span>
21.        <br>床前明月光，<br>疑是地上霜。<br>举头望明月，<br>低头思故乡。
22.    </p>
23. </body>
24. </html>
```

在浏览器中的效果如图 4-26 所示。

定位前　　定位后

图 4-26　相对定位

3．定位层叠

定位元素之间可以重叠显示。在流动布局和浮动布局中是无法实现这种重叠效果的。CSS 中可以通过 z-index 属性来确定定位元素的层叠等级，只有在 position 属性值为 relative、absolute 或 fixed 时才可以使用。

【示例 4-28】 定位层叠。

```
1.  <!DOCTYPE html>
2.  <html>
3.  <head>
4.     <meta http-equiv="Content-Type" content="text/html; charset=utf-8" />
5.     <title>定位层叠</title>
6.     <style type="text/css">
7.        #sub_1,#sub_2 { /*定义子元素绝对定位并设置大小*/
8.        position: absolute;
9.        width:200px; height: 200px;
10.       }
11.       #sub_1 {
12.          z-index: 10;  /*层叠等级为 10*/
13.          left: 50px; top: 50px;
14.          background: red;
15.       }
16.       #sub_2 {
17.          z-index: 1;   /*层叠等级为 1*/
18.          left: 20px; top: 20px;
19.          background: green;
20.       }
21.    </style>
22.    </head>
23. <body>
24.    <div>
25.       <div id="sub_1">元素 1-层叠等级为 10</div>
26.       <div id="sub_2">元素 2-层叠等级为 1</div>
27.    </div>
28. </body>
29. </html>
```

在浏览器中的效果如图 4-27 所示。

图 4-27 定位层叠

4．混合定位

混合定位是利用相对定位的流动模型优势和绝对定位的层布局优势，实现网页定位的灵活性和精确性优势互补。例如，如果给父元素定义为 position:relative，子元素定义为 position:absolute，那么子元素的位置将随着父元素，而不是整个页面进行变化。

【示例 4-29】 混合定位布局。

```
1. <!DOCTYPE html>
2. <html>
3. <head>
4.    <meta http-equiv="Content-Type" content="text/html; charset=utf-8" />
5.    <title>混合定位布局</title>
6.    <style type="text/css">
7.       /* 清除默认样式，居中对齐 */
8.       body { margin: 0; padding: 0; text-align: center; }
9.       /* 父元素相对定位，实现定位框 */
10.      #contain { width: 100%; height: 310px; position: relative;
11.      background: #E0EEEE; margin: 0 auto;}
12.      /* 头部和脚部区域以默认流动模型布局 */
13.      #header, #footer { width: 100%; height: 50px;
14.      background: #3efe58; margin: 0 auto;}
15.      /* 左侧子元素绝对定位 */
16.      #sub_left {
17.         width: 30%; position: absolute; top: 0;
18.         left: 0; height: 300px; background: #eea02a;
19.      }
20.      /* 右侧子元素为绝对定位 */
21.      #sub_right {
22.         width: 70%; position:absolute; top: 0;
23.         right: 0; height: 200px; background: #536aee;
24.      }
25.   </style>
26.   </head>
27. <body>
28.   <div id="header">标题栏</div>
29.   <div id="contain">
30.      <div id="sub_left">左侧边栏</div>
31.      <div id="sub_right">右侧边栏</div>
32.   </div>
33.   <div id="footer">页脚</div>
34. </body>
35. </html>
```

在浏览器中的效果如图 4-28 所示。

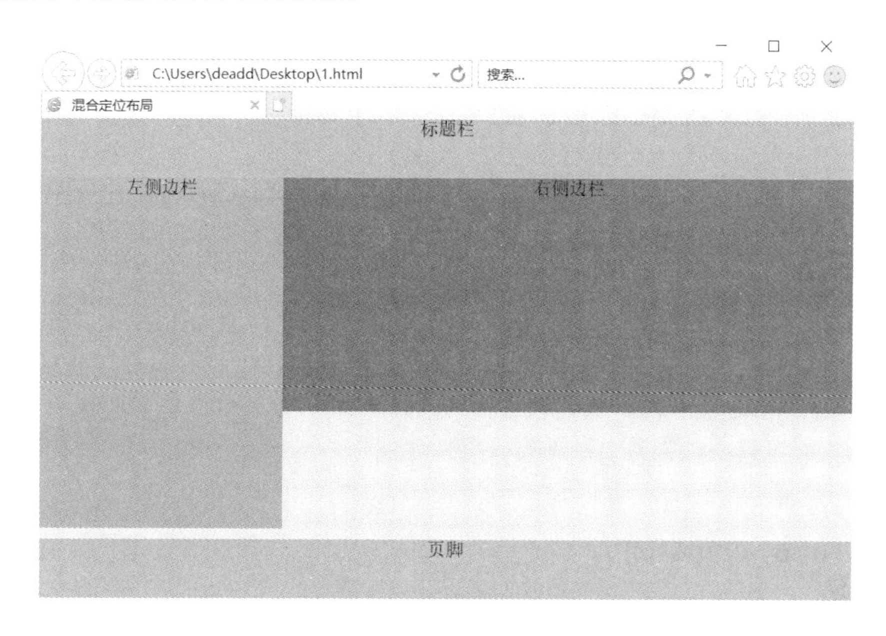

图 4-28　混合定位布局

在示例 4-29 中，左右侧边栏为绝对定位显示，包含框为相对定位显示，这样左右栏就以包含框为定位参考。定位包含框的高度不会随子元素的高度而变化，因此给父元素定义一个明确的高度才能显示包含框背景，后面的元素才能跟随绝对定位元素之后正常显示。

4.10　本章小结

本章详细介绍了列表、表格、盒子模型和页面布局的相关知识，其中盒子模型、页面布局是 CSS 的重要内容，要求学习本章后能熟练运用知识点设计美观、大方、灵活的 Web 页面。

第 5 章　JavaScript 基础

JavaScript（简称“JS”）是一种基于对象（Object）和事件驱动（Event Driven）并具有安全性能的脚本语言，使用 JavaScript 可以轻松地实现与 HTML 的互操作，并且完成丰富的页面交互效果。JavaScript 的解释器被称为 JavaScript 引擎，作为浏览器的一部分，所以 JavaScript 源代码可以在浏览器中直接被解释执行。

5.1　JavaScript 简介

JavaScript 是在 1995 年，由 Netscape 公司的 Brendan Eich，在网景导航者浏览器上首次设计实现而成的。因为 Netscape 与 Sun 合作，Netscape 管理层希望它外观看起来像 Java，所以取名为 JavaScript。但实际上 Java 语言与 JavaScript 语言没有任何关系，JavaScript 的语法风格与 Self 及 Scheme 较为接近。

因 Netscape 开发了 JavaScript，一年后微软又模仿 JavaScript 开发了 Jscript。为了让 JavaScript 成为全球标准，几个公司联合 ECMA（European Computer Manufacturers Association）组织定制了 JavaScript 语言的标准，被称为 ECMAScript 标准。ECMAScript 是一种语言标准，而 JavaScript 是 Netscape 公司对 ECMAScript 标准的一种实现。

由于 JavaScript 的标准——ECMAScript 在不断发展，最新版 ECMAScript 6 标准（简称 ES6）已经于 2015 年 6 月正式发布，所以，讲到 JavaScript 的版本，实际上就是说它实现了 ECMAScript 标准的哪个版本。

5.1.1　JavaScript 的特点

JavaScript 是一种脚本语言，已经被广泛用于 Web 应用开发，常用来为网页添加各式各样的动态功能，为用户提供更流畅美观的浏览效果。

JavaScript 的基本特点：

（1）是一种解释性脚本语言（代码不进行预编译）。

（2）主要用来向 HTML 页面添加交互行为。

（3）可以嵌入 HTML 页面，但写成单独的 JS 文件有利于结构和行为的分离。

（4）跨平台特性，在绝大多数浏览器的支持下，可以在多种平台下运行（如 Windows、Linux、Mac、Android、iOS 等）。

JavaScript 脚本语言同其他语言一样，有它自身的基本数据类型、表达式和算术运算符及基本程序框架。

5.1.2 JavaScript 的引入

在 HTML 文档中引入 JavaScript 代码，一般有两种方式：

（1）嵌入 JavaScript 代码。

使用<script >元素包含 JavaScript 代码，当然<script>元素可放在<head>元素中间，也可以放在<body>元素中间。

<script>和</script>标签作为脚本语言的标识符，跟 HTML 中的其他标签一样。在解析网页源代码时，浏览器读到<script>标签时，会自动调用 JavaScript 引擎对语句进行解释并执行。

【示例 5-1】 新建一个 HTML 文件 Demo01.html，并在该文件中输入下面的代码。

```
1. <!DOCTYPE html>
2. <html lang="en">
3. <head>
4.     <meta charset="UTF-8">
5.     <title>测试页面</title>
6.     <script>
7.         document.write("<h1>Hello World!</h1>")
8.     </script>
9. </head>
10. <body>
11. </body>
12. </html>
```

在示例 5-1 的 JavaScript 代码中，document 是 JavaScript 在浏览器中定义的一个对象，它表示 HTML 文档内容。write()是 document 对象的一个方法，它表示在网页文档中输出参数内容。在浏览器中打开 Demo01.html 文件后运行的结果如图 5-1 所示。

图 5-1 运行结果

（2）使用 JavaScript 文件。

与 CSS 文件一样，JavaScript 代码也可以保存在单独的文件中，JavaScript 文件的扩展名为.js。引入 JavaScript 文件时，同样使用<script>标签，通过该标签的 src 属性指定 JavaScript 文件的 URL 即可。

【示例 5-2】 新建一个 Demo02.js 文件，并在该 JavaScript 文件中输入以下代码。

```
1. //输出 Hello World!
2. document.write("<h1>Hello World!</h1>")
```

示例 5-2 的代码将输出“Hello World!”字符内容。

【示例 5-3】 再新建一个 HTML 文件 Demo02.html，使用<script>标签引入 Demo02.js 脚本文件。

```
1. <!DOCTYPE html>
2. <html lang="en">
3. <head>
4.     <meta charset="UTF-8">
5.     <title>测试页面</title>
6.     <script type="text/javascript" src="Demo02.js"></script>
7. </head>
8. <body>
9. </body>
10. </html>
```

在浏览器中打开 Demo02.html 文件后运行的结果如图 5-1 所示。

在 HTML 中的<script>标签可指定如下属性，如果不写属性则表示使用默认属性值。

type 属性：设置所包含的脚本语言的类型，如 text/javascript 属性值表示为 JavaScript 代码类型，默认值为 text/javascript。

src 属性：指定外部脚本文件的 URL。指定该属性后，该<script>元素只能引入外部脚本文件，不能再在该标签内部写脚本。

charset 属性：指定外部脚本文件所使用的字符集，比如 utf-8 编码，该属性只能与 src 属性一起使用。

一般来说，<script>标签可以放在网页中任何位置，如<head>标签内、<body>标签内，甚至可以放在<html>标签的外部，浏览器都能正确解析执行。但根据 W3C 标准，<script>标签作为 HTML 文档的一个节点而存在，因此它们也应该包含在<html>和</html>标签内，以便构成合理的 DOM。考虑到 HTML 文档的 DOM 规范性，建设把 JavaScript 脚本放在<head>和</head>标签之间，或者写在<body>和</body>标签之间。

提示：使用外部 JavaScript 文件，能够增强 JavaScript 模块化，提高代码重用率。在前端开发中，用户应该养成代码重用的良好习惯，多使用外部 JavaScript 文件，可以提高项目的开发速度和效益。

5.1.3 JavaScript 语法基础

1．大小写敏感

与 HTML 和 CSS 不同，JavaScript 语言对于大小写是敏感的。在写 JavaScript 代码时应该养成良好的编码习惯，如 JavaScript 中的所有保留字都是小写字符、普通变量使用小写字符命名、对于特定变量使用大写字符命名、定义类和函数时可使用首字母大字等。

对于复合型变量名称，可以遵循一般编程的驼峰式（Camel-Case）命名，即混合使用大小写字母来定义变量名，第一个单词以小写字母开始，从第二个单词开始以后的每个单词的首字母都采用大写字母，如 myFirstName、myLastName、getElementById。

2. 代码格式化

JavaScript 一般会忽略分隔符，如空格符、制表符和换行符。在保证不引起歧义的情况下，可以利用分隔符对代码进行格式化。但不能在连在一起的变量名、关键字中间插入分隔符，因为 JavaScript 引擎是根据分隔符来区分语法的。

3. 代码注释

JavaScript 支持单行注释和多行注释形式：

单行注释是以双斜线（//）来表示，比如：

//这是单行注释

多行注释是以斜线加星号（/*和*/）注释内容，比如：

/*这是多行注释内容*/

4. 关键字和保留字

关键字是指 JavaScript 默认定义具有特殊含义的词汇，如指令名、语句名、函数名、对象名和属性名等。JavaScript 语言的关键字见表 5-1。

表 5-1　JavaScript 的关键字

break	case	catch	continue	default
delete	do	else	finally	for
function	if	in	instanceof	new
return	switch	this	throw	try
typeof	var	void	while	with

保留字是现在还没有使用，但是预留以后作为关键字使用。JavaScript 语言的保留字见表 5-2。

表 5-2　JavaScript 的保留字

abstract	boolean	byte	char	class
const	debugger	double	enum	export
extends	final	float	goto	implements
import	int	interface	long	native
package	private	protected	public	short
static	super	synchronized	throws	transient
volatile				

5.2 常量与变量

5.2.1 常　量

在 JavaScript 中提供了几个系统常量供开发中使用，这些系统常量主要是数学和数值常量，方便数学运算和特殊值引用。简单说明如下：

Math.E：常量 e，自然对数的底数。

Math.LN10：10 的自然对数。

Math.LN2：2 的自然对数。

Math.LOG10E：以 10 为底的 e 的对数。

Math.LOG2E：以 2 为底的 e 的对数。

Math.PI：常量 PI。

Math.SQRT1_2：2 的平方根除以 1。

Math.SQRT2：2 的平方根。

Number.MAX_VALUE：可表示的最大的数。

Number.MIN_VALUE：可表示的最小的数。

Number.NaN：非数字值。

Number.NEGATIVE_INFINITY：负无穷大；溢出时返回该值。

Number.POSITIVE_INFINITY：正无穷大；溢出时返回该值。

在 JavaScript 的新版本中，新增了关键字 const，使用它可以定义常量。使用 const 定义的常量只能在定义时指定初始值且必须指定初始值，使用 const 声明常量后就不允许改变常量值。

【示例 5-4】　定义常量。

```
1. //声明常量
2. const MAX_AGE=20;  //正确
3. MAX_AGE++;  //错误
4. MAX_NUM=256;  //错误
```

5.2.2 变　量

JavaScript 是弱类型脚本语言，变量没有固定的数据类型，因此可以对同一个变量在不同时间赋不同类型的值。在 JavaScript 中使用 var 关键字声明变量，声明时变量可以没有初始值，声明的变量类型是不确定，当第一次给变量赋值时，变量的数据类型才确定下来，而且使用过程中变量的数据类型也可随意改变。

JavaScript 中声明变量有以下几种方式：

```
1. //声明变量
2. var a;            //声明单个变量。
3. var b,c;          //声明多个变量，变量间以逗号分隔。
4. var d=1;          //声明并初始化变量。
5. var e=2,f=3;      //声明并初始化多个变量，以逗号分隔多个变量。
6. var e=f=3;        //声明并初始化多个变量，且定义变量的值相同。
```

声明变量后，在没有初始化之前，则它的初始值为 undefined（未定义）。

JavaScript 中变量的命名规则如下：

变量名由大写或小字字母、下划线（_）、美元符号（$）、数字组成。

变量名起始字符只能是字母、下划线和美元符号，不能以数字开头。

变量名不能是 JavaScript 关键字或保留字。

变量名长度没有限制，但变量名要区分大小写。

JavaScript 中变量的定义可遵循以下规范，这会使用户受益良多。

变量声明应集中、置顶。

尽量使用局部变量，少用全局变量。

变量名应该易于理解。

变量的定义应规划好，避免类似 usrname 或 usrName 混用现象。

5.2.3 变量作用域

JavaScript 变量作用域是指根据变量定义的范围不同，变量有全局变量和局部变量之分。全局变量是在全局范围（不在函数内）定义的变量，它可以被所有的脚本访问；局部变量是在函数中定义的变量，它只在函数内有效。

【示例 5-5】 新建一个 Demo04.html 文件。

```
1. <!DOCTYPE html>
2. <html lang="en">
3. <head>
4.     <meta charset="UTF-8">
5.     <title>测试页面</title>
6.     <script>
7.         //定义全局变量
8.         var myAddress="重庆";
9. 
10.        function myFun(){
11.            //定义局部变量
12.            var myName="张三";
13.            var myAge=20;
14. 
```

```
15.             document.write(myName+","+myAge+","+myAddress);
16.         }
17.     </script>
18. </head>
19. <body>
20. </body>
21. </html>
```

注意，当局部变量和全局变量同名时，局部变量会覆盖全局变量。

5.2.4 let 变量

JavaScript 中使用 var 定义变量存在没有块作用域的问题，为了解决上述问题，新版本 JavaScript 中提供了 let 关键字来定义变量。

【示例 5-6】 新建文件 Demo05.html 文件。

```
1.  <!DOCTYPE html>
2.  <html lang="en">
3.  <head>
4.      <meta charset="UTF-8">
5.      <title>测试页面</title>
6.      <script>
7.          var c=undefined;
8.          function myFun(){
9.  
10.             for(let i=0;i<10;i++){
11.                 document.write(i);
12.             }
13.             document.write("输出 i 的值："+i);
14.         }
15.     </script>
16. </head>
17. <body>
18. </body>
19. </html>
```

示例 5-6 的代码中在 for 循环中使用 let 定义计数器，这样计数器 i 只在 for 循环中有效，因此程序在循环体外访问 i 变量时将会导致错误，如果将 for 循环中的 let 修改为 var，则在循环体中定义的变量 i 的作用域将扩展到循环体之外。

对于支持 let 关键字的浏览器，应该考虑使用 let 替代 var 来定义变量。

5.2.5 语句块

语句块又称代码块，是使用花括号包含的多个语句，语句块是一个执行体，类似于一个单独的语句。

【示例 5-7】 语句块。

```
1. //语句块
2. {
3.     var x=Math.PI;
4.     var cx=Math.cos(x);
5.     document.write("Hello JavaScript");
6. }
```

虽然语句块类似于一个单独的语句，但语句块后不需要以分号结束，但语句块中的每个语句都需要以分号结束。

5.2.6 数据类型

JavaScript 是弱类型脚本语言，声明变量时无须指定变量的数据类型。JavaScript 变量的数据类型是解释执行时动态决定的。但 JavaScript 的值保存在内存中时，也是有数据类型的。JavaScript 的数据类型有以下 6 种：

数值类型：包括整数和浮点数。

布尔类型：只有 true 和 false 两个值。

字符串类型：字符串变量使用双引号或者单引号包含起来。

null 类型：用于表示变量的值为空。

undefined 类型：表明一个已经声明但没有初始化值的变量。

引用型类型：变量存储的是内存中的引用地址。

【示例 5-8】 新建一个 Demo06.html 文件。

```
1. <!DOCTYPE html>
2. <html lang="en">
3. <head>
4.     <meta charset="UTF-8">
5.     <title>测试页面</title>
6.     <script>
7.         //定义数值类型的变量
8.         var x=10,y=23.4;
9.         y=x+y;
10.        //定义布尔类型的变量
11.        var flag=true;
12.        flag=false;
```

```
13.         //定义字符串类型的变量
14.         var username="张三";  //使用双引号
15.         var password='123456';  //使用单引号
16.         //使用 null 和 undefined 类型
17.         var a;
18.         if(a===undefined){
19.             document.write("a 变量未定义");
20.         }
21.
22.         var b=null
23.         if(b===null){
24.             document.write("b 变量值为空");
25.         }
26.     </script>
27. </head>
28. <body></body>
29. </html>
```

在 JavaScript 中，数据存在两种截然不同的存储方式。其中一种是直接存储数据，称为值类型数据；另一种是存储数据的空间地址来间接保存数据，称为引用型数据类型。不同类型的数据，它们的行为方式存在很大的不同。

1．数　值

JavaScript 中数值是不区分整数和浮点数的，所有数值都为浮点型数值表示。JavaScript 提供了大量函数，以支持复杂的数值运算，如将数值转换为字符串的 toString()方法等。

【示例 5-9】　下面代码示例中，使用 toString()方法把数值转换为字符串，然后使用 typeof()输出转换后的数据类型。

```
1.  <!DOCTYPE html>
2.  <html lang="en">
3.  <head>
4.      <meta charset="UTF-8">
5.      <title>测试程序</title>
6.      <script>
7.          var a=100;
8.          var b=a.toString();
9.          document.write(type(b));
10.         document.write("<br>");  //换行
11.         //使用数值加空字符串也可以完成数据类型转换
12.         var c=a+'';
13.         document.write(type(c));
```

```
14.     </script>
15. </head>
16. <body>
17. </body>
18. </html>
```

提示：直接使用数值与空字符串相加可实现把数值转换为字符串。执行结果如图 5-2 所示。

图 5-2　执行结果

JavaScript 提供了几个特殊的常量数值，这些值在数学计算中比较有用，见表 5-3。

表 5-3　JavaScript 特殊常量

值	说　明	值	说　明
Infinity	无穷大	NaN	非数值
Number.MAX_VALUE	可表示的最大值	Number.MIN_VALUE	可表示的最小值
Number.POSITIVE_INFINITY	正无穷大	Number.NEGATIVE_INFINITY	负无穷大
Number.NaN	非数值		

2．字符串

字符串是由字符、数字、标点符号等组成的字符序列，字符串必须使用单引号或双引号包括起来。所有的字符应该在同一行内。

【示例 5-10】　字符串的使用。

```
1.  var str1="字符串信息";
2.  var str2="'JavaScript'不是'Java'";
3.  var str3='<meta charset="utf-8">';
```

使用 parseInt()和 parseFloat()方法可以把字符串转换为数值，也可以让字符串与 1 相乘可快速把字符串转换为数值。

【示例 5-11】　将字符串转换为数值。

```
1.  var str="123.30";
```

```
2.  var a=parseInt(str);  //返回数值：123
3.  var b=parseFloat(str); //返回数值：123.3
4.  var c=str*1;      //字符串乘以 1 可快速转换为数值
```

3．布尔型

布尔型数据仅包括 2 个值：true 和 false，它们分别表示逻辑真和假。

要把任何值转换为布尔型数据，在值的前面增加两个叹号即可。

【示例 5-12】 使用!! 方式把数值 100 转换为布尔值，如果把布尔值转换为字符串，则分别为“true”和“false”。

```
1.  var a=100;
2.  var b=!!a;      //返回值为 true
3.  document.write(typeof(b));    //输出为:boolean
4.  a=a+"";     //将布尔值转换为字符串 true
5.  document.write(a);  //输出为:true
```

任何非 0 数字转换为布尔值后为 true，而 0 转换为布尔值为 false。

任何非空字符串转换为布尔值后为 true，而空格转换为布尔值为 false。

4．null 和 undefined

在 JavaScript 中有两个特殊类型的值：null 和 undefined。

null 类型的值只有一个值（null），它表示空值。当对象为空，引用任何对象，其返回值为 null。

undefined 表示未定义的值，当变量未初始化值时，会默认其值为 undefined。它区别任何数值、字符串和布尔型。使用 typeof()检测 undefined 的类型，返回值为 undefined。

5．引用型数据

在 JavaScript 中，除了上面 5 种基本数据类型外还包括引用型类型，它是数据在栈内存中保存的实际上是对象在堆内存中的引用地址，通过这个引用地址可以快速查找到保存中堆内存中的数据。在 JavaScript 中引用型数据包括数组、对象和函数等。对于引用型数据后面做专门的介绍。

5.2.7 数据类型转换

JavaScript 支持自动类型转换，这种类型转换的功能非常强大。

【示例 5-13】 新建 Demo03.html 文件，并输入以下 JavaScript 代码。

```
1.  <!DOCTYPE html>
2.  <html lang="en">
3.  <head>
4.      <meta charset="UTF-8">
5.      <title>测试页面</title>
```

```
6.     <script type="text/javascript">
7.         //定义字符串变量
8.         var a="3";
9.         //字符串变量与数值执行算术运算
10.        var b=a-2;
11.        var c=a+2;
12.        //输出 b 和 c 的值
13.        document.write(b+"\n"+c);
14.    </script>
15. </head>
16. <body>
17.
18. </body>
19. </html>
```

在示例 5-13 的代码中，a 变量初始化为字符串，让 a 和数值执行减法，则自动执行算术运算，并将 a 的类型自动转换为数值，结果 b 的值是 1；让 a 和数值执行加法，则数值自动转换为字符串并与 a 相连接，结果 c 的值是 32 字符串。JavaScript 中类型转换规律是：

对于减号运算符，因为字符串不支持减法运算，所以系统自动将字符串转换成数值。

对于加法运算符，因为字符串中加号作为连接运算符，所以系统将数值自动转换成字符串，并将两个字符串进行连接运算。

这种自动类型转换虽然方便，但程序可读性非常差，而且有时候我们需要强制类型转换。JavaScript 提供了如下几个函数来执行强制类型转换。

toString()：将布尔值、数值等转换成字符串。

parseInt()：将字符串转换成整数。

parseFloat()：将字符串转换为浮点数。

5.3 运算符与表达式

运算符是具有运算功能的符号。参与运算的数据称为操作数，运算数和操作数按照一定的规则组成的式子称为表达式。

【示例 5-14】 在下面的代码中，变量 a、b、c 就是最简单的变量表达式，而“=”和“+”是连接这些表达式的运算符。

```
1. <script type="text/javascript">
2.     //表达式
3.     var a=1,b=2;
4.     var c=a+b;
5. </script>
```

根据操作数个数不同，可以将运算符分为三种：单目运算符、双目运算符和三目运算符。

单目运算符：也称一元运算符，由一个操作数和一个运算符组成，如 i++、++i 等；

双目运算符：也称二元运算符，由两个操作数和一个运算符组成，如 a+b 等。

三目运算符：也称三元运算符，由三个操作数和一个运算符组成，在 JavaScript 中只有一个三目运算符（?:），如 a>b? “true”:“false”。

根据运算符的性质或用途不同，JavaScript 中的基本运算符分为以下几类：

算术运算符：+、-、*、/、%、++、--。

字符串运算符：+、+=。

逻辑运算符：!、&&、||。

位运算符：>>、<<、>>>、&、|、^、 ~ 。

赋值运算符：=、+=、-=、*=、/=、%=等。

关系运算符：>、<、>=、==、===、!=。

特殊运算符：?:（?和:成对使用）等。

表 5-4 所示为 JavaScript 运算符分类说明。

表 5-4　JavaScript 运算符说明

分　类	运算符	操作数类型	运算顺序	运算方向	说　明
算术运算符	+	数值	12	左	（加法）将两数相加
	++	数值	14	右	（自增）将表示数值的变量加 1
	-	数值	12	左	（减法）将两个数相减
	--	数值	14	右	（自减）将表示数值的变量减 1
	-	数字	14	右	求负运算
	+	数字	14	右	求正运算
	*	数值	13	左	（乘法）将两个数相乘
	/	数值	13	左	（除法）将两个数相除
	%	数值	13	左	（求余）求两个数相除的余数
字符串运算符	+	字符串	12		（字符串加法）连接两个字符串
	+=	字符串	2	右	连接两个字符串，并将结果赋给第一个字符串
逻辑运算符	&&	布尔值	5	右	（逻辑与）两数都是真，则返回真，否则返回假
	||	布尔值	4	左	（逻辑或）两数都是假，则返回假，否则返回真
	!	布尔值	14	右	（逻辑非）其数为真，则返回真，否则返回假
位运算符	&	整数	8	左	（按位与）两数对应位都是 1，则返回 1
	^	整数	7	左	（按位异或）两数对应位只有一个 1，则返回 1
	|	整数	6	左	（按位或）两数对应位都是 0，则返回 0
	~	整数	14	右	（求反）按位求反
	<<	整数	11	左	左移
	>>	整数	11	左	算术右移
	>>>	整数	11	左	逻辑右移

续表

分　类	运算符	操作数类型	运算顺序	运算方向	说　明
赋值运算符	=	标识符	2	右	赋值运算
	+=	标识符	2	右	将两数相加的值赋值给第一个操作数
	-=	标识符	2	右	将两数相减的值赋值给第一个操作数
	*=	标识符	2	右	将两数相乘的值赋值给第一个操作数
	/=	标识符	2	右	将两数相除的值赋值给第一个操作数
	%=	标识符	2	右	将两数求余的值赋值给第一个操作数
	&=	标识符	2	右	按位与，并将结果赋值给第一个操作数
	^=	标识符	2	右	按位异或，并将结果赋值给第一个操作数
	|=	标识符	2	右	按位或，并将结果赋值给第一个操作数
	<<=	标识符	2	右	左移，并将结果赋值给第一个操作数
	>>=	标识符	2	右	算术右移，并将结果赋值给第一个操作数
	>>>=	标识符	2	右	逻辑右移，并将结果赋值给第一个操作数
关系运算符	==	任意	9	左	如果操作数相等，则返回真
	===	任意	9	左	如果操作数完全相同，则返回真
	!=	任意	9	左	如果操作数不相等，则返回真
	!==	任意	9	左	如果操作数不完全相同，则返回真
	>	任意	10	左	如果左操作数大于右操作数，则返回真
	>=	任意	10	左	如果左操作数大于等于右操作数，则返回真
	<	任意	10	左	如果左操作数小于右操作数，则返回真
	<=	任意	10	左	如果左操作数小于等于右操作数，则返回真
特殊运算符	?:		3	右	简单的“if…else”语句
	,	任意	1	左	计算两个表达式，返回第二个表达式的值
	delete	标识符	14	右	删除
	new	类型	15	右	创建实例
	typeof	任意	14	右	返回数据类型
	instanceof	类型	10	左	检查对象的类型
	in	对象	10	左	检查一个属性是否存在
	void	任意	14	右	空
	.	标识符	15	左	属性存取
	[]	数组	15	左	数据下标
	()	函数	15	左	函数调用

运算符比较多，用法灵活。下面通过几个实例讲解特殊运算符的用法。

1．条件运算符

条件运算符（?:）是 JavaScript 中唯一的一个三元运算符，其语法如下：

condition?expr1:expr2

condition 是一个逻辑表达式，当其为 true 时，则执行 expr1 表达式，否则执行 expr2 表达式。条件运算符可以拆分为条件结构：

```
if(condition)
expr1;
else
expr2;
```

【示例 5-15】 下面的代码中，使用三元运算符判断 a>b，如果为 true 则输出“a 大于 b”，否则输出“a 小于 b”。

```
1.  var a=10;
2.  var b=4;
3.  var c=(a>b)?"a 大于 b":"a 小于 b";
4.  document.write(c);
```

2．void 运算符

void 运算符指定要计算一个表达式，但不返回值。其语法格式如下：

javascript:void(expression)

expression 是一个要计算的 JavaScript 标准的表达式。例如：

<a href=”javascript:void(document.forms[0].submit())”>提交表单</a>

上面的代码创建一个超链接，当用户点击时会提交当前页面表单中的内容。

5.4 控制语句

JavaScript 的程序流程控制分为顺序结构、选择结构、循环结构和跳转语句。

5.4.1 顺序结构

顺序结构就是按照程序代码先后顺序自上而下地执行，直到程序结束，中间没有任何判断和跳转。

5.4.2 选择结构

选择结构用于判断给定的条件，根据判断的结果来控制程序的流程。选择语句包括 if 语句和 switch 语句。

1. if 语句

if 语句是通过判断给定表达式的值来决定程序流程。If 语句有多种形式，最常见的有以下三种：

第一种形式：

```
1.  if(expression){
2.      statement;
3.  }
```

第二种形式：

```
1.  if(expression){
2.      statement;
3.  }else{
4.      statement;
5.  }
```

第三种形式：

```
1.  if(expression){
2.      statement;
3.  }else if(expression){
4.      statement;
5.  }
6.      ...     //可以有多个 else if 语句
7.  else {
8.      statement;
9.  }
```

说明：

（1）表达式 expression 的结果只能是布尔型，即表达式的结果只能是 true 或者 false。

（2）当表达式 expression 为 true 时执行 if 所对应的代码块，否则，如果有 else 则执行 else 对应的代码块。

（3）第二种形式和第三种形式是相通的，如果第三种形式中 else if 代码不出现，则变成第二种形式。

（4）else 语句必须和 if 或 else if 配对使用，else 总是与离它最近的 if 或 else if 配对。

【示例 5-16】 if 语句可以嵌套使用。

```
1.  //if 语句
2.  var a=4,b=2,c;
3.  if(a>0){
4.      if(b>0){
5.          c=a+b;
```

```
6.     }
7.  }else{
8.      c=-a+b;
9.  }
```

2．switch 语句

switch 语句是通过数据匹配的方式实现程序的多分支控制，其语法格式如下：

```
1.  switch(expression){
2.      case value1:
3.          statement1;
4.          break;
5.      case value2:
6.          statement2;
7.          break;
8.          ...
9.      case valueN:
10.         statementN;
11.         break;
12.     default:
13.         default statement;
14. }
```

switch 语句首先计算 switch 的表达式，然后按出现的先后顺序计算 case 的表达式，直到找到与 switch 表达式的值相同的值为止。case 表达式通过等同（===）运算来判断，因此表达式匹配的时候不进行类型转换。如果没有一个 case 与 switch 的表达式匹配，则直接执行 default 的代码块，如果没有 default，则直接跳出整个结构体。

【示例 5-17】 下面代码显示 switch 语句的使用。

```
1.  //switch 语句
2.  var score='C';
3.  switch (score) {
4.      case 'A':
5.          document.write("优秀");
6.          break;
7.      case 'B':
8.          document.write("良好");
9.          break;
10.     case 'C':
11.         document.write("中等");
12.         break;
```

```
13.     case 'D':
14.         document.write("及格");
15.         break;
16.     case 'E':
17.         document.write("不及格");
18.         break;
19.     default:
20.         document.write("成绩错误");
21. }
```

5.4.3 循环结构

循环语句就是重复执行某一段代码，直到不满足循环条件为止。在 JavaScript 中，循环结构主要有 while 语句、do-while 语句和 for 语句。

1．while 语句

while 语句的语法格式如下：

```
1. //while 循环
2. while(expression){
3.     statement;
4. }
```

expression 是一个布尔表达式。while 语句首先取得 expression 的返回值，当返回值为 true 时，执行循环体中的语句 statement，否则，循环结束。

【示例 5-18】 在下面循环语句中，当变量 a 小于 10 时，将执行循环体中的语句，直到 a 大于等于 10 时结束循环，其中在结构体内不断递增变量 a 的值，以便在下一次的判断条件 expression 时有机会结束循环而不是无限循环。

```
1. //while 循环
2. var a=0;
3. while(a<10){
4.     document.write(a);
5.     a++;
6. }
```

2．do-while 语句

do-while 语句与 while 语句的区别在于第一次循环时，while 语句是先判断循环条件，再循环执行，如果条件为 false，则循环体不会执行。而 do-while 语句是先执行循环体后再判断，也就是说，do-while 循环至少会执行一次循环体。

do-while 语句的语法格式如下：

```
1. //do-while 循环
2. do{
3.     statement;
4. }while(expression);
```

【示例 5-19】 do-while 循环。

```
1. //do-while 循环
2. var a=0;
3. do{
4.     document.write(a);
5.     a++;
6. }while(a<10);
```

do-while 与 while 的区别在于：while 语句的循环体可能不会执行，但 do-while 语句的循环体至少要执行一次。

3．for 语句

for 语句通常适用于明确知道循环次数的情况，其语法格式如下：

```
1. //for 循环
2. for(initialization;condition;iteration){
3.     statement;
4. }
```

说明：

（1）循环的初始化（initialization）：只在循环开始前执行一次，通常在此初始化迭代变量，该变量将作为控制整个循环的计数器使用。

（2）条件（condition）表达式：是一个布尔表达式，如果其值为 true 则执行循环体内的语句（statement），如果为 false 则结束循环。

（3）迭代（iteration）表达式：通常是迭代变量的自增或自减运算表达式，在循环体执行完时执行。

（4）循环的执行过程：执行初始化表达式，再计算条件表达式的值，如果表达式值为 true，则执行循环体语句。循环体执行完毕后，执行迭代表达式。执行完迭代部分，再次判断条件表达式。如此反复执行，直到条件表达式的返回值为 false。

【示例 5-20】 使用 for 循环代替前面的 while 循环。

```
1. //for 循环
2. for(var a=0;a<10;a++){
3.     document.write(a);
4. }
```

5.4.4 跳转语句

跳转语句能够从所在的分支、循环或从函数调用返回的语句中跳出。JavaScript 的跳转语句包括 3 种：break 语句、continue 语句和 return 语句。

1．break 语句

break 语句可以用在循环语句、分支语句的内部，用来跳出结构。

【示例 5-21】 下面代码中，不断执行循环语句，直到 i 的值等于 5 时将跳出循环。

```
1.  //break 语句
2.  var i=0;
3.  while(i<10){
4.      i++;
5.      if(i===5){
6.          break;
7.      }
8.      document.write(i+"<br />");
9.  }
```

2．continue 语句

continue 语句只能用在循环语句的内部，用来跳过本次循环，继续执行下一次循环。在 while 和 do-while 循环结构中使用 continue 语句，表示将跳转到循环条件处继续执行；而在 for 循环结构中使用 continue 语句，表示将跳转到迭代语句处继续执行。

【示例 5-22】 continue 语句的使用。

```
1.  //continue 语句
2.  var i=0;
3.  while(i<4){
4.      i++;
5.      if(i===2){
6.          continue; //跳出本次循环
7.      }
8.      document.write(i+",");
9.  }
```

在示例 5-22 的代码执行过程中，当 i 等于 2 时就跳出本次循环，而不再执行 document.达式 write()语句，所以执行结果为：1,3,4。

3．return 语句

return 语句用在函数中，作用是结束当前方法的执行，返回到调用该方法的语句处，并继续执行程序。return 语句的语法格式如下：

return [expression];

说明：

（1）return 语句后面可以带返回值也可以不带返回值。

（2）表达式 expression 可以是常量、变量、对象等。

（3）当程序执行 return 语句时，先计算表达式的值，然后再将表达式的值返回到调用该方法的语句处。

（4）在 return 语句后面的代码不会被执行，所以 return 语句通常位于函数体的最后。

5.5 数 组

数组（Array）是一组有序的数据集合。与其他强类型语言不同的是，在 JavaScript 中数组元素的类型可以不相同。

1．定义数组

定义数组通过构造函数 Array()和运算符 new 来实现。具体实现方法如下：

（1）定义空数组：

var a=new Array();

通过这种方式定义的数组是一个没有任何元素的空数组。

（2）定义带有参数的数组：

var a=new Array(1,3,4,"5","7");

数组中每个参数都表示数组的一个元素值，它没有类型限制，可以通过数组的下标来定位每个元素。通过数组的 length 属性得到数组的长度。

（3）定义指定长度的数组：

var a=new Array(6);

（4）定义数组并初始化：

var a=[3,5,6,'23','55'];

使用中括号运算符定义并初始化数组的方式比较简单、方便。

【示例 5-23】 定义数组的几种方式。

```
1.  //定义数组的方式
2.  var a=new Array();   //定义数组
3.  var b=new Array(2,5,6,"3","32");  //定义数组并初始化
4.  var c=new Array(9);     //定义数组并指定长度
5.  var d=[3,4,'6',34];     //定义数组并初始化
```

2．使用数组

当数组创建并初始化后，使用中括号[]运算符可以存取数组元素的值。其语法格式如下：

数组名[数组下标]

数组下标用来唯一标识数组中的每一个元素。所有数组下标都是从 0 开始，如 arr[0]、arr[1]等。数组有一个 length 属性表示数组的长度。

【示例 5-24】　定义 3 个数组，并对数组进行赋值，最后显示数组的内容和长度。

```
1. <!DOCTYPE html>
2. <html lang="en">
3. <head>
4.     <meta charset="UTF-8">
5.     <title>测试页面</title>
6.     <script type="text/javascript">
7.         var a=[3,5,23];
8.         var b=[];
9.         var c=new Array();
10.
11.        b[0]='hello';  //直接给数组元素赋值
12.        b[1]=6;
13.        c[5]=true;
14.        c[7]=null;
15.
16.        document.write(a+"，a 数组的长度："+a.length+"<br>");
17.        document.write(b+"，b 数组的长度："+b.length+"<br>");
18.        document.write(c+"，c 数组的长度："+c.length+"<br>");
19.    </script>
20. </head>
21. <body>
22.
23. </body>
24. </html>
```

数组的输出结果如图 5-3 所示。

图 5-3　数组的输出结果

JavaScript 中数组的元素并不要求相同，同一数组中的元素可以互不相同。数组的长度可以随意变化，通过提供的 length 属性返回数组的长度。

JavaScript 语言作为动态、弱类型语言，其数组有以下 3 个特征：

（1）JavaScript 的数组长度可变。

（2）同一个数组中的元素类型可以互不相同。

（3）访问数据元素时不会产生数据越界的问题，访问未赋值的数据元素时，该元素的值为 undefined。

3．数组的方法

JavaScript 数组本身就是一种功能强大的“容器”，它不仅可以代表数组，而且可以作为长度可变的线性表使用，也可以作为栈使用，还可以作为队列使用。

JavaScript 数组作为栈使用的两个方法如下：

push(ele)：元素入栈，返回入栈后数组的长度。

pop()：元素出栈，返回出栈的数组元素。

JavaScript 数组作为队列使用的两个方法如下：

unshift(ele)：元素入队列，返回入队列后数组的长度。

shift()：元素出队列，返回出队列的数组元素。

【示例 5-25】 将 JavaScript 数组当成栈、队列使用。

```
1.  <!DOCTYPE html>
2.  <html lang="en">
3.  <head>
4.      <meta charset="UTF-8">
5.      <title>测试页面</title>
6.      <script type="text/javascript">
7.          //将数组当成栈使用
8.          var stack=[];
9.          //入栈
10.         stack.push("刘德华");
11.         stack.push("周星驰");
12.         stack.push("张学友");
13.         //出栈
14.         document.write(stack.pop()+"<br>");
15.         document.write(stack.pop()+"<br>");
16.
17.         //将数组当成队列使用
18.         var queue=[];
19.         //入队列
20.         queue.unshift("Java 程序设计");
21.         queue.unshift("JavaScript 程序");
```

```
22.         queue.unshift("Web 前端开发");
23.         //出队列
24.         document.write(queue.shift()+"<br>");
25.         document.write(queue.shift()+"<br>");
26.     </script>
27. </head>
28. <body>
29. </body>
30. </html>
```

上述代码执行结果如图 5-4 所示。

图 5-4　执行结果

此外，JavaScript 数组还提供了以下方法：

concat(value,⋯)：为数组添加一个或者多个元素。该方法返回追加元素后得到的数组。

join([separator])：将数组的多个元素拼接在一起，组成字符串后返回。

reverse()：反转数组。

sort()：对数组元素排序。

slice(start,[end])：截取数组从 start 到 end 之间的子数组，如果不写 end 参数，则截取从 start 到数组结束间的子数组；如果 start 和 end 参数为正数，则从左边开始计数；如果 start 和 end 参数为负数，则从右边开始计数。该方法返回截取得到的子数组，但原数据不改变。

splice(start,deleteCount,value,⋯)：截取数组从 start 开始，deleleCount 个元素，再将多个 value 值追加到数组中。该方法返回数组被截取部分组成的新数组。

【示例 5-26】　下面代码示例上述方法的应用。

```
1. <!DOCTYPE html>
2. <html lang="en">
3. <head>
4.     <meta charset="UTF-8">
5.     <title>测试页面</title>
6.     <script type="text/javascript">
```

```
7.          //连接数组
8.          var a=["html",2,"zhangs"];
9.          a=a.concat(4,5);
10.         a=a.concat([6,7]);
11.         a=a.concat([8,9],[10,11]);
12.         document.write(a+"<br>");
13.
14.         //将数组拼接为字符串
15.         var b=["html",20,"is",99,"good"];
16.         var str1=b.join();
17.         var str2=b.join("-");
18.         document.write(str1+"<br>"+str2+"<br>");
19.
20.         //反转数组
21.         var c=["html","css","javascript","vue"];
22.         c.reverse();
23.         document.write(c+"<br>");
24.
25.         //截取数组
26.         var d=["张学友","周星驰","刘德华","李连杰","张曼玉"];
27.         document.write(d.slice(3)+"<br>");
28.         document.write(d.slice(2,4)+"<br>");
29.         document.write(d.slice(1,-2)+"<br>");
30.         document.write(d.slice(-3,-2)+"<br>");
31.
32.         //删除、插入数组元素
33.         var e=["张学友","周星驰","刘德华","李连杰","张曼玉"];
34.         document.write(e.splice(3)+"<br>");
35.         document.write(e.splice(1,1)+"<br>");
36.         document.write(e.splice(0,1,20,30,40)+"<br>");
37.         document.write(e);
38.     </script>
39. </head>
40. <body>
41. </body>
42. </html>
```

上述代码执行的结果如图 5-5 所示。

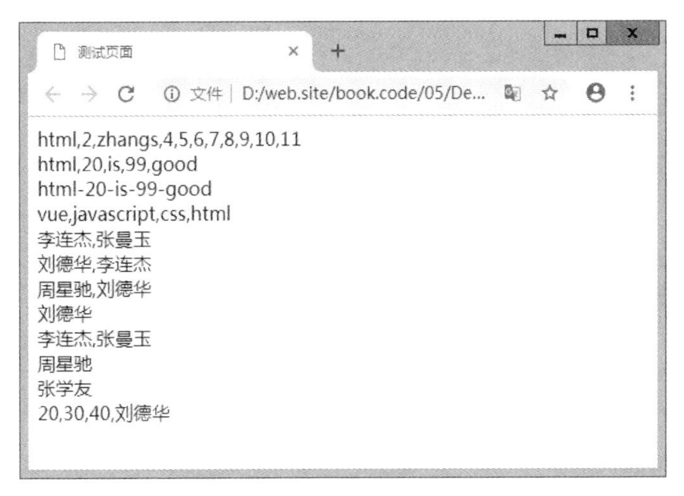

图 5-5　Array 对象的方法

5.6　函　数

JavaScript 是一种基于对象的脚本语言，JavaScript 代码复用的单位是函数。在 JavaScript 脚本中可以随处存在函数，函数构成了 JavaScript 代码的主体。

5.6.1　定义函数

JavaScript 中定义函数的语法格式如下：

```
1. //方式 1：命名函数
2. function f(parameters)
3. {
4.     statement
5. }
6. //方式 2：匿名函数
7. var f= function(parameters){
8.     statement
9. }
```

语法中，function 是关键字，表示是函数，parameters 是参数列表，一个函数可以没有任何参数。参数列表只需要写参数名称，不需要写参数类型，在代码执行时根据调用时传递的值的类型自动匹配类型。函数的返回值没有类型限制，它可以返回任意类型的值。

在函数定义方式中，命名函数的方法也被称为声明式函数，而匿名函数的方法也被称为引用式函数或者函数表达式，即把函数看作一个复杂的表达式，并把表达式赋给一个变量。

【示例 5-27】　下面代码中，用上述两种方式定义了一个函数，它有两个参数，在函数体中输出内容。

```
1. //方式 1：命名函数
2. function say(name,say)
3. {
4.     document.write("<h1>"+name+":"+say+"</h1>");
5. }
6. //方式 2：匿名函数
7. var say= function(name,say)
8. {
9.     document.write("<h1>"+name+":"+say+"</h1>");
10. }
```

5.6.2 调用函数

JavaScript 中调用函数使用小括号运算符，在括号内部包含多个参数列表，参数之间用逗号分隔。

【示例 5-28】 新建 Demo09.html，在下面代码中使用小括号调用上面定义的函数 say()，并传递参数给函数。

```
1. <!DOCTYPE html>
2. <html lang="en">
3. <head>
4.     <meta charset="UTF-8">
5.     <title>测试页面</title>
6.     <script type="text/javascript">
7.         function say(name,say){
8.             document.write("<h1>"+name+":"+say+"</h1>");
9.         }
10.
11.         //调用函数 say()
12.         say("张三","Hello World!");
13.     </script>
14. </head>
15. <body>
16. </body>
17. </html>
```

执行结果如图 5-6 所示。

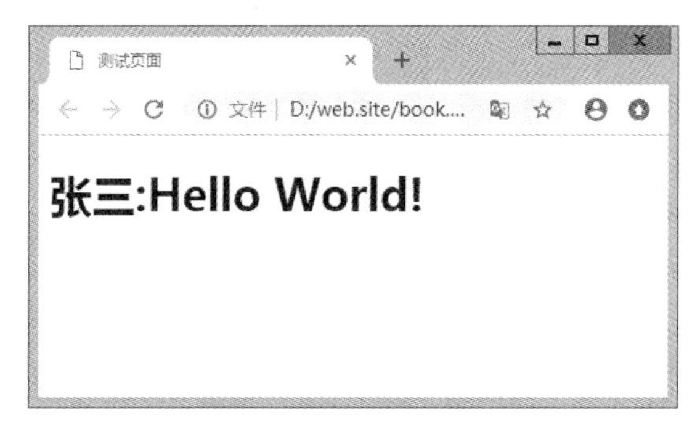

图 5-6　调用函数结果

5.6.3　函数参数

在 JavaScript 中参数可以分为两种，分别是形参和实参。

形参就是在定义函数时使用的参数。

实参就是在调用函数时传递给函数的参数。

【示例 5-29】　在下面代码中，函数定义中的 a 和 b 就是形参，而下面调用函数时传递的 23 和 34 就是实参。

```
1.  function add(a,b){
2.      return a+b;
3.  }
4.
5.  document.write(add(23,24));
```

一般情况下，函数的形参和实参的个数是相等的，但是 JavaScript 没有规定两者必须相等。如果形参数大于实参数，则多出的形参值为 undefined；相反如果实参数大于形参数，则多出的实参就无法被形参变量接收，从而被忽略掉。

5.6.4　函数应用

在 JavaScript 的实际开发中函数常被当作表达式来处理，用户可以把函数视为一个值赋给一个变量，或者作为一个参数传递给另一个函数，这是函数式编程的一个重要特征。

1. 匿名函数

匿名函数就是没有名称的函数，它相当于一个复杂的表达式。当只需要一次使用函数时，使用匿名函数会更加有效。

【示例 5-30】　匿名函数被调用之后，被赋值给变量 z，然后提示 z 变量的返回值。

```
1.  //匿名函数
2.  var z=function(x,y){
3.      return (x+y)/2;
4.  }(23,35);                    //返回 29
```

2．函数作为值

函数实际也是一种结构复杂的数据，因此可以把它作为值赋给其他变量。

【示例 5-31】 把函数当作一个值赋给变量 f，然后利用括号来调用这个函数变量。

```
1. //函数作为值
2. var f=function(x,y){
3.     return (x+y)/2;
4. }
5.
6. var z=f(23,35);                //结果 z=29
```

3．函数作为参数

在 JavaScript 中函数可以作为实参传递给另一个函数，也可以作为返回值，通过这种方式增强函数的应用能力。

【示例 5-32】 把第一个匿名函数赋给变量 a，该函数中参数 f 是一个函数类型，它又把第二个和第三个参数当作自己的参数来进行计算。同时再定义第二个匿名函数，返回两个参数的和。最后，把第二个匿名函数作为参数传递给第一个匿名函数，即可计算并返回参数 x 和 y 的和。

```
1. var a=function (f,x,y) {
2.     return f(x,y);
3. };
4. var b=function (x,y) {
5.     return x+y;
6. };
7. document.write(a(b,3,4));   //结果：7
```

4．函数作为表达式

函数也可以参与到表达式运算中。

【示例 5-33】 定义一个简单的函数，然后调用该函数进行运算。

```
1. var a=function (x) {
2.     document.write(x);
3. }
4. a(50);           //显示 50
5. //针对上面写法，可以直接使用表达式来编写如下
6. (function (x) {
7.     document.write(x);
8. })(50);          //显示 50
```

在示例 5-33 的代码中，第一个括号包含的是一个匿名函数，第二个括号调用第一个括号的函数并传递参数。

5.6.5 闭包函数

闭包是一个拥有许多变量和绑定了这些变量的环境的表达式（通常是一个函数），因而这些变量也是该表达式的一部分。闭包函数就是外部函数被调用后，它的变量不会消失，仍然被内部函数所使用，而且所有的内部函数都拥有对外部函数的访问权限。

【示例 5-34】 定义一个函数 a，该函数包含一个内部函数 b，它把自身参数 m 递加给外层函数的变量 n 上，然后返回 n 的值。外层函数 a 的返回值为内部函数 b，从而形成一种内层引用外层的闭包关系，于是外层函数就是一个典型的闭包函数。

```
1.  <!DOCTYPE html>
2.  <html lang="en">
3.  <head>
4.      <meta charset="UTF-8">
5.      <title>测试页面</title>
6.      <script type="text/javascript">
7.          function a() {
8.              var n=0;
9.              function b(m) {
10.                 n=n+m;
11.                 return n;
12.             }
13.
14.             return b;
15.         }
16.         var b=a();
17.         document.write(b(3));
18.         document.write("<br>");
19.         document.write(b(3));
20.         document.write("<br>");
21.         document.write(b(3));
22.         document.write("<br>");
23.         document.write(b(3));
24.     </script>
25. </head>
26. <body>
27.
28. </body>
29. </html>
```

这样当在全局作用域中反复调用内部函数时，将会不断把参数值递加给外层函数的变量 n 上，形成闭包对外部函数的变量长时保护作用。如果没有闭包函数的作用，当调用外部函数 a 之后，其定义的变量就不存在，也就无法实现值的递增效果。在浏览器中的显示效果如图 5-7 所示。

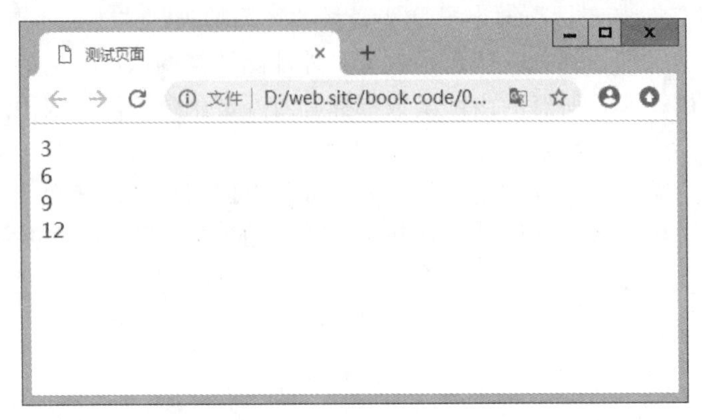

图 5-7　执行结果

5.6.6　箭头函数

在 JavaScript 中，箭头函数相当于其他语言中的 Lambda 表达式或上述的闭包语法，箭头函数是普通函数的简化写法。箭头函数的语法格式如下：

```
1.  (param1,param2,...,paramN)=>{ statement}
2.  //相当于如下函数实现
3.  function (param1,param2,...,paramN) {
4.      statement
5.  }
```

注意，箭头函数的函数体只有一条 return 语句，则允许省略函数的花括号和 return 关键字。

【示例 5-35】　使用箭头函数代替传统函数。

```
1.  var arr=["yeeku","fkit","leegang","crit"];
2.  //使用普通函数
3.  var newArr1=arr.map(function (ele) {
4.      return ele.length;
5.  });
6.  //使用箭头函数
7.  var newArr2=arr.map((ele)=>{
8.      return ele.length;
9.  });
10.
11. //由于箭头函数只有一个参数，可以省略形参列表的圆括号
12. //如果箭头函数的执行体只有一条 return 语句，可以省略 return
13. var newArr3=arr.map(ele=>ele.length);
```

注意，与普通函数不同的是，箭头函数并不拥有自己的this关键字。对于普通函数而言，如果程序通过new调用函数创建对象，那么该函数中的this代表所创建的对象；如果直接调用普通函数，那么该函数中的this代表全局对象（window）。

5.7 对　象

JavaScript并不严格地要求使用对象，甚至可以不使用函数。但随着代码的增加，为了提供更好的代码复用，建议使用对象和函数。

5.7.1 创建对象

1. 使用new关键字创建对象

在JavaScript中，使用new关键字调用构造器创建对象。

【示例5-36】 使用new调用函数方式创建对象。

```
1. <!DOCTYPE html>
2. <html lang="en">
3. <head>
4.     <meta charset="UTF-8">
5.     <title>测试页面</title>
6.     <script type="text/javascript">
7.          //定义一个函数，同时也定义了一个Person类
8.         function Person(name,age) {
9.             this.name=name;
10.            this.age=age;
11.        }
12.        //分别以两种方式创建Person对象
13.        var p1=new Person();
14.        var p2=new Person("张三",20);
15.    </script>
16. </head>
17. <body>
18. </body>
19. </html>
```

在示例5-36的代码中，以两种不同的方式创建Person对象，因为JavaScript支持空参数特性，所以调用函数时，依然可以不传入参数，如果没有传入参数，则对应的参数值是undefined。

在函数中使用this的变量是该函数的实例属性，以函数名修饰的变量则是该函数的类属

性。实例属性以实例访问，类属性则以函数名访问。以这种方式创建的对象是 Person 的实例，也是 Object 的实例。

2．使用 Object 直接创建对象

JavaScript 的对象都是 Object 类的子类，因此可以采用以下方法创建对象。

var myObj=new Object();

这是空对象，该对象不包含任何的属性和方法，因为 JavaScript 是动态语言，因此可以动态地为该对象增加属性和方法。

【示例 5-37】 动态地给对象增加属性和方法。

```
1. <!DOCTYPE html>
2. <html lang="en">
3. <head>
4.     <meta charset="UTF-8">
5.     <title>测试页面</title>
6.     <script>
7.         //创建对象
8.         var myObj=new Object();
9.         //给对象动态添加属性
10.        myObj.name="张三";
11.        myObj.age=22;
12.        //给对象动态添加方法
13.        myObj.info=function abc() {
14.            document.write("属性 name:"+this.name+"<br>");
15.            document.write("属性 age:"+this.age+"<br>");
16.        };
17.
18.        //调用对象的方法
19.        myObj.info();
20.    </script>
21. </head>
22. <body>
23. </body>
24. </html>
```

上面的代码中直接动态地为对象增加两个属性和一个方法，这种语法从侧面反映了 JavaScript 对象的本质：它是一个特殊的关联数组。

3．使用 JSON 语法创建对象

JSON（JavaScript Object Notation）语法提供了一种更简单的方式来创建对象，使用 JSON 语法可避免书写函数，也可以避免使用 new 关键字，可以直接创建一个 JavaScript 对象。JSON 语法是使用花括号包含属性，每个属性写成“key:value”对的形式，多个属性间使用逗号分隔。

【示例 5-38】 使用 JSON 语法定义对象。

```
1. <!DOCTYPE html>
2. <html lang="en">
3. <head>
4.     <meta charset="UTF-8">
5.     <title>测试页面</title>
6.     <script>
7.         //定义对象
8.         var p={
9.             name:'张三',
10.            age:23
11.        };
12.        //调用对象的属性
13.        document.write("姓名: "+p.name+",年龄: "+p.age);
14.    </script>
15. </head>
16. <body>
17. </body>
18. </html>
```

使用 JSON 语法创建对象更加简捷、方便。使用 JSON 语法创建对象时，属性值不仅可以是普通字符串，也可以是任何基本类型，还可以是函数，数组，甚至可以是另一个对象。

【示例 5-39】 使用 JSON 语法定义对象。

```
1. var p={
2.          name:'wawa',
3.          age:22,
4.          schools:['小学','中学','大学'],
5.          friend:
6.              {
7.                  name:'lee',
8.                  age:23,
9.                  address:'重庆'
10.             }
11.     };
```

JSON 语法不仅仅可用于创建对象，也可以用于创建数组，如示例 5-39 中的使用方括号（[]）来定义数组。

5.7.2 使用对象

在 JavaScript 中，可以通过点号（.）来访问对象的属性。对象的属性可以是简单的值，也可以是复杂的值，如函数、对象等。当属性值为函数时，该属性就被称为对象的方法，依然使用括号访问该方法。

【示例 5-40】 使用点号访问属性和方法。

```
1. <!DOCTYPE html>
2. <html lang="en">
3. <head>
4.     <meta charset="UTF-8">
5.     <title>测试页面</title>
6.     <script type="text/javascript">
7.         // 定义对象
8.         var Person={
9.             name:"张三",
10.            age:34,
11.            info:function () {
12.                document.write("姓名:"+this.name+",年龄: "+this.age);
13.            }
14.        }
15.
16.        //使用对象的属性、方法
17.        Person.name="刘德华";
18.        Person.age=40;
19.        Person.info();
20.    </script>
21. </head>
22. <body>
23. </body>
24. </html>
```

上述代码执行结果如图 5-8 所示。

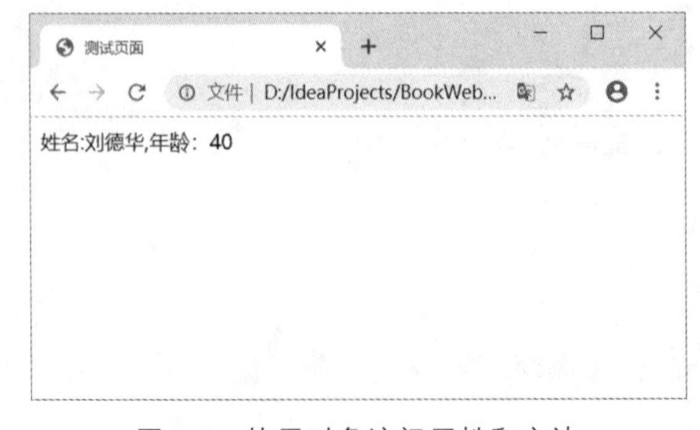

图 5-8 使用对象访问属性和方法

5.8 BOM

5.8.1 BOM 简介

BOM（Browser Object Model，浏览器对象模型）主要用于管理浏览器窗口，提供了独立的、可以与浏览器窗口进行互动的功能，这些功能与任何网页内容无关。DOM 由多个对象组成，其中代表浏览器窗口的 window 对象是 BOM 的顶层对象，其他对象都是该对象的子对象。BOM 结构如图 5-9 所示。

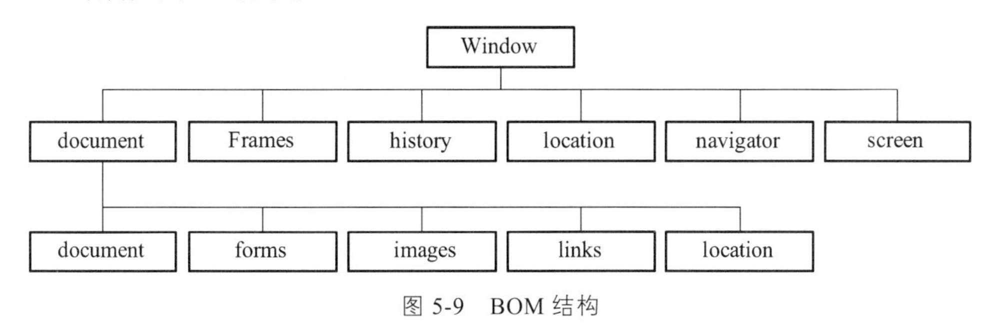

图 5-9 BOM 结构

BOM 为了访问和操作浏览器各组件，每个 window 子对象中都提供了一系列的属性和方法。下面将对 window 子对象的功能进行介绍，具体内容如下：

document（文档对象）：也称为 DOM 对象，是 HTML 页面当前窗体的内容，同时它也是 JavaScript 的重要组成部分之一。

history（历史对象）：主要用于记录浏览器的访问历史记录，也就是浏览网页的前进与后退功能。

location（地址栏对象）：用于获取当前浏览器中 URL 地址栏内的相关数据。

navigator（浏览器对象）：用于获取浏览器的相关数据，如浏览器的名称、版本等，也称为浏览器的嗅探器。

screen（屏幕对象）：可获取与屏幕相关的数据，如屏幕的分辨率、坐标信息等。

值得一提的是，BOM 没有一个明确的规范，所以浏览器提供商会按照各自的想法随意去扩展 BOM。而各浏览器间共有的对象就成了事实上的标准。不过在利用 BOM 实现具体功能时要根据实际的开发情况考虑浏览器之间的兼容问题，否则会出现不可预料的情况。

5.8.2 window 对象

1．全局作用域

由于 window 对象是 BOM 中所有对象的核心，同时也是 BOM 中所有对象的父对象，所以定义在全局作用域中的变量、函数以及 JavaScript 中的内置函数都可以被 window 对象调用。

【示例 5-41】 全局作用域的使用。

```
1.  var area ='Beijing';
2.  function getArea(){
```

```
3.     return this.area;
4. }
5. console.log(area);//访问变量,输出结果:Beijing
6. console.log(window.area);//访问 window 对象的属性,输出结果:Beijing
7. console. log(getArea());//调用自定义函数,输出结果: Beijing
8. console.log(window.getArea());//调用 window 对象的方法,输出结果: Beijing
9. console.log(window.Number(area));//调用内置函数,将变量 area 转换为数值型,输出结果:NaN
```

从示例 5-41 中的代码可以看出，定义在全局作用域中的 getArea()函数，函数体内的 this 关键字指向 window 对象。同时，对于 window 对象的属性和方法在调用时可以省略 window，直接访问其属性和方法即可。

注意，在 JavaScript 中直接使用一个未声明的变量会报语法错误，但是使用 window 变量名的方式则不会报错，而是获得一个 undefined 结果。除此之外，delete 关键字能删除 window 对象自身的属性，对于定义在全局作用域下的变量不起作用。

2. 对话框操作

window 对象中提供了很多对话框和窗口相关的操作方法和属性，具体见表 5-6。

表 5-6　对话框和窗口相关属性和方法

分　类	名　称	说　明
属性	closed	返回布尔值，该值声明了窗口是否已经关闭
	name	设置或返回窗口名称
	Opener	返回或创建该窗口的 window 对象的引用
	Parent	返回当前窗口的父窗口
	Self	返回当前窗口的引用
	Top	返回最顶层的父窗口
方法	Alert()	显示带有一段消息和一个确认按钮的警告框
	Prompt()	显示带有一段消息以及确认按钮和取消按钮的对话框
	Open()	打开一个新的浏览器窗口或查找一个已命名的窗口
	Close()	关闭窗口
	Focus()	把焦点设置为一个窗口
	Print()	打印当前窗口的内容
	scrollBy()	按像素值来滚动内容
	scrollTo()	把内容滚动到指定的坐标

下面对比较常用的几个方法进行演示。

（1）警告框。

如果要确保信息传递给用户，通常会使用警告框。当警告框弹出时，用户将需要单击“确定”来继续。语法如下：

```
1. window.alert("text");
2. //可以不带 window 前缀
3. alert("text");
```

（2）确认框。

如果希望用户验证或接受某个东西，则通常会使用“确认”框。当确认框弹出时，用户将不得不单击“确定”或“取消”来继续进行。如果用户单击“确定”，该框返回 true。如果用户单击“取消”，该框返回 false。语法如下：

```
1. window.confirm("sometext");
2. //可以不带 window 前缀
3. confirm("sometext");
```

（3）提示框。

如果希望用户在进入页面前输入值，通常会使用提示框。当提示框弹出时，用户将不得不输入值后单击“确定”或点击“取消”来继续进行。如果用户单击“确定”，该框返回输入值。如果用户单击“取消”，该框返回 NULL。语法如下：

```
1. window.prompt("sometext","defaultText");
2. //可以不带 window 前缀
3. prompt("sometext","defaultText");
```

（4）窗口。

window.open()方法用于打开一个新的浏览器窗口或查找一个已命名的窗口，而 window.close()方法是关闭浏览器窗口。语法如下：

```
1. //打开窗口
2. window.open(URL,name,specs,replace);
3. //关闭窗口
4. window.close();
```

window.open()方法的具体参数见表 5-7。

表 5-7　对话框和窗口相关属性和方法

<table>
<tr><th>参　数</th><th colspan="2">说　明</th></tr>
<tr><td>URL</td><td colspan="2">可选。要打开的 URL，如果没有指定 URL，则打开一个新的空白窗口</td></tr>
<tr><td>name</td><td colspan="2">可选。指定 target 属性或窗口的名称。支持以下值：
_blank：URL 加载到一个新的窗口，默认值。
_parent：URL 加载到父框架。
_self：URL 替换当前页面。
_top：URL 替换任何可加载的框架集。
name：窗口名称</td></tr>
<tr><td rowspan="2">specs</td><td colspan="2">可选。一个逗号分隔的项目列表。支持以下值：</td></tr>
<tr><td>channelmode=yes|no|1|0</td><td>是否使用剧院模式显示窗口。默认为 no。</td></tr>
</table>

续表

参　数	说　明	
specs	directories=yes|no|1|0	是否添加目录按钮。默认为 yes
	fullscreen=yes|no|1|0	是否使用全屏模式显示浏览器。默认是 no。处于全屏模式的窗口必须同时处于剧院模式
	height=pixels	窗口文档显示区的高度，以像素计
	left=pixels	窗口的 x 坐标，以像素计
	location=yes|no|1|0	是否显示地址字段，默认是 yes
	menubar=yes|no|1|0	是否显示菜单栏，默认是 yes
	resizable=yes|no|1|0	窗口是否可调节尺寸，默认是 yes
	scrollbars=yes|no|1|0	是否显示滚动条，默认是 yes
	status=yes|no|1|0	是否添加状态栏，默认是 yes
	titlebar=yes|no|1|0	是否显示标题栏，默认是 yes
	toolbar=yes|no|1|0	是否显示浏览器的工具栏，默认是 yes
	top=pixels	窗口的 y 坐标
replace	Optional Specifies 规定了装载到窗口的 URL 是在窗口的浏览历史中创建一个新条目，还是替换浏览历史中的当前条目。支持下面的值： true – URL：替换浏览历史中的当前条目。 false – URL：在浏览历史中创建新的条目	

3．窗口操作

BOM 中用来获取或更改 window 窗口位置、窗口高度和宽度、文档区域高度和宽度的相关属性和方法有很多，具体见表 5-8。

表 5-8　对话框和窗口相关属性和方法

分　类	名　称	说　明
属　性	screenLeft	返回相对于屏幕窗口的 x 坐标
	ScreenTop	返回相对于屏幕窗口的 y 坐标
	screenX	返回相对于屏幕窗口的 x 坐标
	ScreenY	返回相对于屏幕窗口的 y 坐标
	innerHeight	返回窗口的文档显示区的高度
	innerWidth	返回窗口的文档显示区的宽度
	outerHeight	返回窗口的外部高度
	outerWidth	返回窗口的外部宽度
方　法	moveBy()	将窗口移动到相对位置
	moveTo()	将窗口移动到指定位置
	ResizeBy()	将窗口调整到相对的高度和宽度
	resizeTo()	将窗口调整到指定的高度和宽度

其中，window 对象有 innerWidth 和 innerHeight 属性，可以获取浏览器窗口的内部宽度和高度。内部宽高是指除去菜单栏、工具栏、边框等占位元素后，用于显示网页的净宽高。

【示例 5-42】 window 对象的 innerWidth 和 innerHeight 属性。

```
1. // 可以调整浏览器窗口大小试试:
2. console.log('window inner size: ' + window.innerWidth + ' x ' + window.inner
   Height);
```

注意，上面的 console.log()表示在控制台输出内容，在 Chrome 浏览器下可以通过开发者模式打开控制台查看 console.log()的输出内容。

4. 框架操作

window 对象提供的 frames 属性可通过集合的方式，获取 HTML 页面中所有框架，frames.length 可返回当前窗口中框架的数量。

5. 定时器

JavaScript 中可通过 window 对象提供的方法实现在指定时间后执行特定操作，也可以让程序代码每隔一段时间执行一次。具体方法见表 5-9。

表 5-9 对话框和窗口相关属性和方法

分　类	名　称	说　明
方　法	setTimeout()	在指定的时间后调用函数
	setInterval()	按指定的周期来调用函数
	clearTimeout()	取消 setTimout()的定时器
	clearInterval()	取消 setInterval()的定时器

【示例 5-43】 定时器的使用。

```
1. function f(){
2.   console.log(2);
3. }
4. //定义定时器
5. var t1=setTimeout(f,1000);
6. //删除定时器
7. clearTimeout(t1);
8.
9. //定义定时器
10. var t2=setInterval(function(){
11.                 console.log(Math.random());
12.     },1000);
13.
14. //删除定时器
15. clearInterval(t2);
```

5.8.3 location 对象

BOM 中 location 对象提供的方法，可以更改当前用户在浏览器中访问的 URL，实现新文档的载入、重载和替换等功能，见表 5-10。

表 5-10 对话框和窗口相关属性和方法

分 类	名 称	说 明
属 性	Hash	返回 URL 的锚部分
	host	返回 URL 的主机名和端口
	Hostname	返回 URL 的主机名
	Href	返回完整的 URL
	Pathname	返回 URL 的路径部分
	port	返回 URL 的端口
	protocol	返回 URL 的协议
方 法	Assign()	载入一个新的文档
	Reload()	重新载入当前文档
	Replace()	替换当前文档

【示例 5-44】 location 对象属性的使用。

```
1. //一个完整的URL
2. //http://www.example.com:8080/path/index.html?a=1&b=2#TOP
3. //解析如下
4. location.protocol; // 'http'
5. location.host; // 'www.example.com'
6. location.port; // '8080'
7. location.pathname; // '/path/index.html'
8. location.search; // '?a=1&b=2'
9. location.hash; // 'TOP'
```

5.8.4 history 对象

DOM 中提供的 history 对象，可以对用户在浏览器中访问过的 URL 历史记录进行操作。出于安全方面的考虑，history 对象不能直接获取用户浏览过的 URL，但可以控制浏览器实现“后退”和“前进”的功能。具体相关属性和方法见表 5-11。

表 5-11 对话框和窗口相关属性和方法

分 类	名 称	说 明
属 性	length	返回历史列表的数量
方 法	Back()	加载前一个 URL
	forward	加载下一个 URL
	Go()	加载具体 URL

【示例 5-45】 history 对象方法的使用。

```
1. //后退
2. function goBack() {
3.     window.history.back()
4. }
5. //前进
6. function goForward() {
7.     window.history.forward()
8. }
```

5.8.5 navigator 对象

Navigator 对象提供了有关浏览器的信息，但是每个浏览器中的 navigator 对象中都有一套自己的属性。具体相关属性和方法见表 5-12。

表 5-12 对话框和窗口相关属性和方法

分 类	名 称	说 明
属 性	appCodeName	返回浏览器的内容名称
	appName	返回浏览器的名称
	appVersion	返回浏览器的平台和版本信息
	cookieEnabled	返回浏览器是否启用 cookie
	Platform	返回浏览器的操作系统平台
	userAgent	返回由客户端发送服务器的 User-Agent 头部的值
方 法	javaEnabled()	返回浏览器是否启动 java

【示例 5-46】 navigator 对象属性的使用。

```
1. console.log('appName = ' + navigator.appName);
2. console.log('appVersion = ' + navigator.appVersion);
3. console.log('language = ' + navigator.language);
4. console.log('platform = ' + navigator.platform);
5. console.log('userAgent = ' + navigator.userAgent);
```

5.8.6 screen 对象

Screen 对象用于返回当前渲染窗口中与屏幕相关的属性信息，如屏幕的宽度和高度等。具体属性和方法见表 5-13。

表 5-13　对话框和窗口相关属性和方法

分　类	名　称	说　明
属　性	Height	返回整个屏幕的高度
	Width	返回整个屏幕的宽度
	availHeight	返回浏览器在屏幕上可占用的高度
	availWidth	返回浏览器在屏幕上可占用的宽度
	colorDepth	返回屏幕的颜色深度
	pixelDepth	返回屏幕的位深度

【示例 5-47】　screen 对象属性的使用。

```
1. //输出屏幕尺寸
2. console.log('屏幕尺寸： ' + screen.width + ' x '+ screen.height);
```

5.9　DOM

5.9.1　DOM 简介

DOM（Document Object Model，文档对象模型）是一套规范文档内容的通用型标准，是 W3C 制定的标准接口规范，是一种处理 HTML 和 XML 文件的标准 API。

DOM 提供了对整个文档的访问模型，将文档作为一个树形结构，树的每个结点表示了一个 HTML 标签或标签内的文本项。DOM 树结构精确地描述了 HTML 文档中标签间的相互关联性。将 HTML 或 XML 文档转化为 DOM 树的过程称为解析（parse）。HTML 文档被解析后，转化为 DOM 树，因此对 HTML 文档的处理可以通过对 DOM 树的操作实现。

DOM 模型不仅描述了文档的结构，还定义了节点对象的行为，利用对象的方法和属性，可以方便地访问、修改、添加和删除 DOM 树的节点和内容。

DOM HTML 指的是 DOM 中为操作 HTML 文档提供的属性和方法，其中，文档（document）表示 HTML 文件，文档中的标签称为元素（element），同时也将文档中的所有内容称为节点（node）。因此，一个 HTML 文件可以看作是所有元素组成的一个节点树，各元素节点间有级别的划分。

【示例 5-48】　一个 HTML 文件。

```
1. <!DOCTYPE html>
2. <html>
3.     <head>
4.         <meta charset="utf-8">
5.         <title>测试</title>
6.     </head>
```

```
7.      <body>
8.          <a href="#">链接</a>
9.          <p>这是段落</p>
10.     </body>
11. </html>
```

在上述代码中，DOM 根据 HTML 中各节点的不同作用，可将其分别划分为标签节点、文本节点和属性节点。其中，标签节点也被称为元素节点，HTML 文档中的注释则称为注释节点。上述 HTML 文件的节点树（DOM）效果如图 5-10 所示。

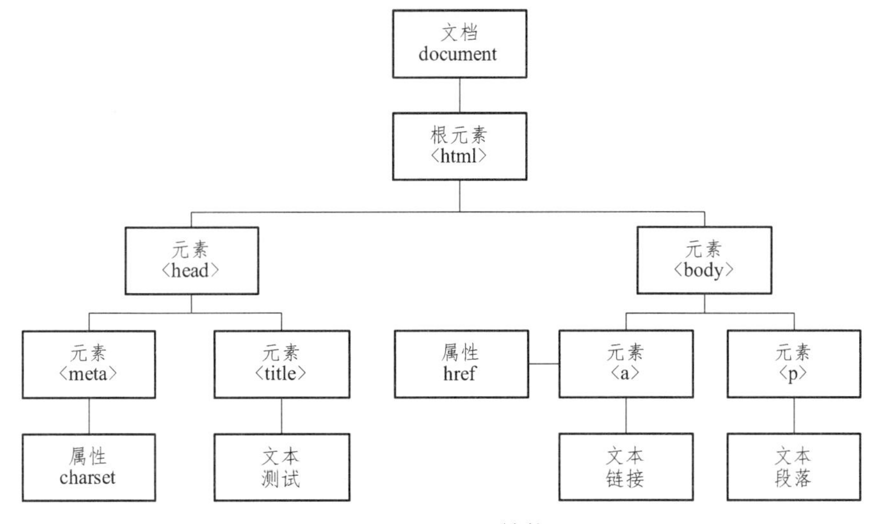

图 5-10 DOM 结构

5.9.2 获取元素

在利用 DOM 操作 HTML 元素时，可以利用 document 对象提供的方法和属性获取元素，也可以利用 Element 对象提供的方法获取元素。不同对象获取元素相关的方法和属性见表 5-14。

表 5-14 获取元素相关的属性和方法

对 象	名 称	说 明
Document 方法	getElementById()	返回拥有指定 id 的第一个对象的引用
	getElementsByName()	返回带有指定名称的对象集合
	getElementsByTagName()	返回带有指定标签名称的对象集合
	getElementsByClassName()	返回带有指定类名的对象集合
Document 属性	body	返回文档的 body 元素
	documentElement	返回文档的 html 元素
	forms	返回对文档中所有 Form 对象引用
	images	返回对文档中所有 Image 对象的引用
Element 方法	getElementsByClassName	返回元素内带有指定类名的对象集合
	getElementsByTagName	返回元素内带有指定标签名称的对象集合

document 对象的方法 getElementById()返回指定 id 元素，其他方法返回的都是符合要求的一个集合。

document 对象的属性可用于获取文档中的元素，包括表单元素、图片元素等。通过 document 对象的方法和属性获取的元素具有相同的对象。

在 DOM 操作中，element 对象也提供了获取某个元素内子元素的方法。

【示例 5-49】 使用 document 对象获取元素。

```
1.  <body>
2.      <div id="box">box</div>
3.      <div class="bar">bar</div>
4.      <div name="main">main</div>
5.      <script>
6.          //获取 id 为 box 元素
7.          console.log(document.getElementById('box'));
8.          //获取所有 class 为 bar 的元素
9.          console.log(document.getElementsByClassName('bar'));
10.         //获取所有标签为 div 的元素
11.         console.log(document.getElementsByTagName('div'));
12.         //获取所有 name 为 main 的元素
13.         console.log(document.getElementsByName('main'));
14.     </script>
15. </body>
```

5.9.3 元素内容

JavaScript 中如果要对获取的元素内容进行操作，则可以利用 DOM 提供的属性和方法实现。其中常用的属性和方法见表 5-15。

表 5-15 元素内容操作相关属性和方法

分 类	名 称	说 明
element 属性	innerHTML	返回或设置元素开始和结束标签之间的 HTML
	innerText	返回或设置元素中去除所有标签的内容
	textContent	返回或设置指定节点的文本内容
document 方法	Write()	向文档写入指定的内容
	writeln()	向文档写入指定的内容后并换行

Element 属性在使用时有一定的区别，innerHTML 在使用时会保持编写的格式以及标签样式，而 innerText 则是去掉所有格式以及标签的纯文本内容，textContext 属性在去掉标签后保留文本格式。

元素内容的修改，只需要通过赋值运算符为指定元素的内容属性赋值即可。

注意：innerText 属性在使用时可能会出现浏览器兼容的问题。因此，推荐在开发时尽可能地使用 innerHTML 获取或设置元素的文本内容。同时，innerHTML 属性和 document.write() 方法在设置内容时有一定的区别，前者作用于指定的元素，后者则重构整个 HTML 文档页面。

【示例 5-50】 对元素内容进行操作。

```
1. <body>
2.     <div id="box">
3.         第一行内容
4.         <p>
5.             第二行内容
6.             <a href="https://www.baidu.com">百度链接</a>
7.         </p>
8.     </div>
9.     <script>
10.        //获取 id 为 box 元素并输出 innerHTML
11.        console.log(document.getElementById('box').innerHTML);
12.        //获取 id 为 box 元素并输出 innerText
13.        console.log(document.getElementById('box').innerText);
14.        //获取 id 为 box 元素并输出 textContent
15.        console.log(document.getElementById('box').textContent);
16.    </script>
17. </body>
```

5.9.4 元素属性

在 DOM 中，为了方便 JavaScript 获取、修改和遍历指定 HTML 元素的相关属性，提供了操作属性和方法，具体见表 5-16。

表 5-16 元素属性操作相关属性和方法

分 类	名 称	说 明
属 性	attributes	返回一个元素的属性集合
方 法	setAttribute(name,value)	设置或修改指定属性的值
	getAttribute(name)	返回指定元素的属性的值
	removeAttribute(name)	从元素中删除指定的属性

利用 Attributes 属性可以获取一个 HTML 元素的所有属性，以及所有属性的个数(length)。

【示例 5-51】 对元素属性的操作。

```
1. <style>
2.     .gray{background:#ccc;}
```

```
3.     #thick{font-weight: bolder;}
4. </style>
5. <body>
6.     <div>测试文本内容</div>
7.     <script>
8.         //获取第一个 div 元素
9.         var ele=document.getElementsByTagName('div')[0];
10.        //输出当前 ele 的属性个数
11.        console.log(ele.attributes.length);
12.        //为 ele 添加属性
13.        ele.setAttribute('align','center');
14.        ele.setAttribute('title','文本内容');
15.        ele.setAttribute('class','gray');
16.        ele.setAttribute('id','thick');
17.        ele.setAttribute('style','font-size:24px;border:1px solid green;');
18.        //输出当前 ele 的属性个数
19.        console.log(ele.attributes.length);
20.        //获取指定属性的属性值
21.        console.log(ele.getAttribute('style'));
22.        //删除指定属性
23.        ele.removeAttribute('style');
24.        //输出所有的属性
25.        for(var i=0;i<ele.attributes.length;i++){
26.            console.log(ele.attributes[i]);
27.        }
28.    </script>
29. </body>
```

5.9.5 元素样式

除了前面的元素属性外，对元素的样式也可以直接通过“style.属性名称”的方式操作。在操作样式名称时，需要使用驼峰式命名法（Camel-Case）。

HTML5 新增的 classList 也可以操作元素的类选择器，见表 5-17。

表 5-17 常见的元素样式操作相关属性和方法

分　类	名　称	说　明
属　性	Background	返回或设置元素的背景属性
	backgroundColor	返回或设置元素的背景色
	Display	返回或设置元素的显示类型

续表

分　类	名　称	说　明
属　性	Height	返回或设置元素的高度
	Left	返回或设置定位元素的左部位置
	textAlign	返回或设置文本的水平对齐方式
	textDecoration	返回或设置文本的修饰
	textIndex	返回或设置文本第一行的缩进
方　法	Add()	可以给元素添加类名，一次只能添加一个
	Remove()	可以将元素的类名删除，一次只能删除一个
	Toggle()	切换元素的样式
	Item()	根据接收的索引参数，获取元素的类名
	Contains()	判断元素是否包含指定名称的样式

【示例 5-52】　操作元素样式。

```
1. <body>
2.     <div id='box'></div>
3.     <script>
4.         //获取 id 为 box 的元素
5.        var ele=document.getElementById('box');
6.        //输出当前 ele 的属性个数
7.        ele.style.width='100px';
8.        ele.style.height='100px';
9.        ele.style.backgroundColor='red';
10.       ele.style.transform='rotate(7deg)';
11.    </script>
12. </body>
```

5.9.6　获取节点

HTML 文档可以看作是一个节点树，因此可以利用操作节点的方式操作 HTML 中的元素。其中常用的获取节点的属性见表 5-18。

表 5-18　获取节点相关属性

分　类	名　称	说　明
属　性	FirtChild	返回当前节点的首个节点
	lastChild	返回当前节点的最后一个节点
	nodeName	返回当前节点的名称

续表

分　类	名　称	说　明
属　性	nodeValue	访问当前节点的值
	nextSibiling	返回同一树层级中指定节点之后紧跟的节点
	previousSibiling	返回同一树层级中指定节点的前一个节点
	parentNode	返回当前节点的父节点
	childNodes	返回当前节点的所有子节点的集合

【示例 5-53】　获取节点。

```
1. <body>
2.     <ul id='ul'>
3.         <li>JS</li>
4.         <li>DOM</li>
5.         <li>BOM</li>
6.         <!--注释-->
7.     </ul>
8.     <script>
9.         //获取 id 为 ul 的元素
10.        var ele=document.getElementById('ul');
11.        //输出 ul 下的所有节点
12.        console.log(ele.childNodes)
13.    </script>
14. </body>
```

5.9.7　追加节点

在获取元素的节点后，可利用 DOM 提供的方法实现节点的添加。常用的方法见表 5-19。

表 5-19　追加节点相关方法

分　类	名　称	说　明
方　法	createElement	创建元素节点
	createTextNode()	创建文本节点
	createAttribute()	创建属性节点
	appendChild()	在指定元素的子节点末尾添加一个节点
	insertBefore()	在当前节点前插入一个节点
	getAttributeNode()	返回指定名称的属性节点
	setAttributeNode()	设置或修改指定名称的属性节点

上述方法中的 create×××()方法是由 document 对象提供的，与 Node 对象无关。

【示例 5-54】　元素追加节点。

```
1.  <body>
2.      <script>
3.          //创建 h2 元素节点
4.          var h2=document.createElement('h2');
5.          //创建文本节点
6.          var text=document.createTextNode('Hello JavaScript!');
7.          //创建属性节点
8.          var attr=document.createAttribute('align');
9.          attr.value='center';
10.         //为 h2 元素添加属性节点
11.         h2.setAttributeNode(attr);
12.         //为 h2 元素添加子节点
13.         h2.appendChild(text);
14.         //将 h2 节点追加为 body 元素的子节点
15.         document.body.appendChild(h2);
16.     </script>
17. </body>
```

5.9.8　删除节点

如果要删除 HTML 元素节点或属性节点，则可以利用 removeChild()和 removeAttributeNode()方法实现，它们的返回值是被移出的元素节点或者属性节点。

【示例 5-55】　删除节点。

```
1.  <body>
2.      <ul>
3.          <li>PHP</li>
4.          <li>JavaScript</li>
5.          <li class="strong">UI</li>
6.      </ul>
7.      <script>
8.          //获取第 3 个 li 元素
9.          var child=document.getElementsByTagName('li')[2];
10.         //获取元素的 class 属性
11.         var attr=child.getAttributeNode('class');
12.         //删除元素的 class 属性
13.         console.log(child.removeAttributeNode(attr));
```

```
14.         //删除元素
15.         console.log(child.parentNode.removeChild(child));
16.     </script>
17. </body>
```

5.10 事件处理

JavaScript 与用户间的交互是通过事件驱动来实现的。事件驱动是面向对象程序设计的重要概念，其核心是“以消息为基础，以事件来驱动（message based, event driven）”。

5.10.1 事件模型

在 JavaScript 中事件机制采用的是异步事件编程模型，当浏览器、窗口、document、HTML 元素上发生某些事情时，Web 浏览器就会对外生成 Event 对象——这就是事件。比如用户鼠标点击某元素时，浏览器会产生 click 事件。

事件既可能来自用户的行为，也可能来自 JavaScript 对象本身，Web 浏览器会不断产生相关事件。

在 JavaScript 事件模型中可能涉及以下概念：

事件类型（event type）：即事件名称，以字符串的形式存在，用于指定要发生哪种事件。

事件目标（event target）：即事件模型中的事件源，是引发事件的对象。

事件（event）：当浏览器、窗口、document、HTML 元素上发生某些事情时，Web 浏览器负责生成的对象，该对象中封装了所发生事件的详细信息。通常来说，事件至少包括两个属性，即 type 和 target，其 type 代表事件类型，target 代表事件目标。

事件处理器（event handler）或者事件监听器（event listener）：都是代表用于处理或响应事件的 JavaScript 函数，因此事件处理器也被称为事件处理函数。在 JavaScript 事件模型中，当浏览器、窗口、document、HTML 元素上发生某些事情时，Web 浏览器就会对外生成 Event 对象，注册在浏览器、窗口、document、HTML 元素上的事件处理函数就会被自动执行——这个过程被称为“事件触发（event trigger）”。

5.10.2 绑定事件

为事件源注册事件处理函数也被称为绑定事件处理函数。在 JavaScript 中提供了多种方式来绑定事件处理函数。

1. 静态绑定

静态绑定就是将事件处理函数直接绑定到 HTML 元素的属性，如指定 onclick 属性。事件属性名称由事件类型前加一个“on”前缀构成，如 onclick、ondblclick 等。这些属性的值也被称为事件处理器，因为它们指定了如何“处理”特定的事件类型。事件处理器属性的值是多条 JavaScript 脚本，最常见的值是一条调用某个 JavaScript 函数的语句。

【示例 5-56】 给一个按钮绑定 onclick 属性，当点击按钮时，就会触发 click 事件，执行 JavaScript 脚本。

```
1. <!DOCTYPE html>
2. <html lang="en">
3. <head>
4.     <meta charset="UTF-8">
5.     <title>测试页面</title>
6. </head>
7. <body>
8.     <button onclick="alert('你单击了按钮!');">按钮</button>
9. </body>
10. </html>
```

这种事件绑定方式简单易用，但绑定事件处理器时需要直接修改 HTML 页面代码，因此存在以下问题：

（1）直接修改 HTML 元素属性，增加了页面逻辑的复杂度。

（2）开发人员需要直接修改 HTML 页面，不利于团队协作开发。

2．动态绑定

动态绑定就是将事件处理函数放在 JavaScript 脚本中绑定。为了给特定的 HTML 元素绑定事件处理函数，必须先在代码中获得需要绑定事件处理函数的 HTML 元素对应的 JavaScript 对象，该对象就是触发事件的事件源，然后给该对象的 onclick 等属性赋值一个函数的引用。

因为绑定到 JavaScript 对象属性时，该属性只是一个 JavaScript 函数的引用，所示不要在函数后面加括号——一旦添加了括号，那就变成了调用该函数，于是只是将该函数返回值赋给 JavaScript 对象的 onclick 等属性。

【示例 5-57】 动态绑定事件处理函数。

```
1. <!DOCTYPE html>
2. <html lang="en">
3. <head>
4.     <meta charset="UTF-8">
5.     <title>测试页面</title>
6. </head>
7. <body>
8. <button id="btn">按钮</button>
9. <script>
10.
```

```
11.     function btn_click(){
12.         alert("你单击了按钮。");
13.     }
14.
15.     //获取按钮的对象
16.     var b=document.getElementById("btn");
17.     //动态绑定事件处理函数
18.     b.onclick=btn_click;
19.
20. </script>
21. </body>
22. </html>
```

使用这种方式绑定事件处理函数时，开发者无须修改 HTML 文档，只需要在该页面中增加一行 JavaScript 代码。

3．注册事件

DOM 事件模型还提供了一种事件绑定机制，这种机制通过事件绑定方法 addEventListener() 实现，该方法的语法格式如下：

objectTarget.addEventListener(“eventType”,handler,captureFlag)

上述方法为 objectTarget 绑定事件处理函数 handler，其第一个参数是事件类型；第二个参数是事件处理函数；第三个参数用于指定监听事件传播的哪个阶段（true 表示监听捕获阶段，false 表示监听冒泡阶段）。

前面的两种方式为事件绑定事件处理器时，由于是直接对属性赋值的方式，因此不能为同一个事件目标绑定多个事件处理器；但使用 addEventListener 方法注册事件处理器时，完全可以为同一个事件目标注册多个不同函数作为事件处理器。

捕获（capture）和冒泡（bubble）就事件传播过程中的两个概念，比如用户点击某个 HTML 元素，但由于该元素处于父元素内，该元素又处于 document 对象中，document 对象又处于 window 对象中，因此该单击事件实际上同时发生在该元素、父元素、document、window 对象上，而事件传播过程就是浏览器决定依次触发哪个对象的事件处理函数的过程。

DOM 事件模型将事件传播过程分两个阶段：捕获阶段和冒泡阶段。在事件传播过程中，先经历捕获阶段，再经历冒泡阶段。

在事件捕获阶段，事件从最顶部的父元素逐层向内传递；在事件冒泡阶段，事件从事件发生的直接元素逐层向父元素传递。

图 5-11 显示了事件传播的大致示意。

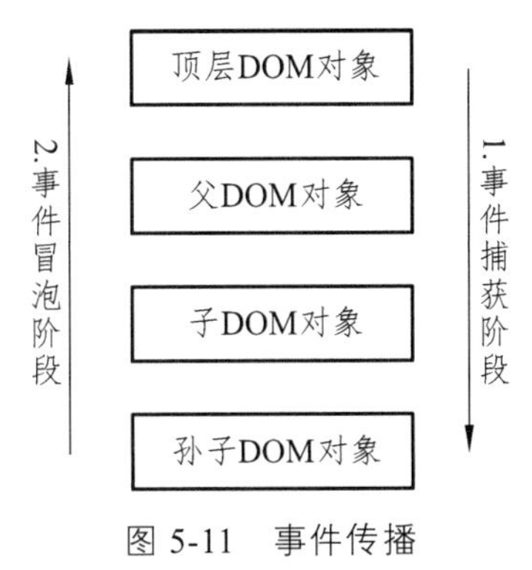

图 5-11　事件传播

【示例 5-58】　使用 addEventListener()方法注册事件处理器。

```
1.  <!DOCTYPE html>
2.  <html lang="en">
3.  <head>
4.      <meta charset="UTF-8">
5.      <title>测试页面</title>
6.  </head>
7.  <body>
8.      <div id="test">
9.          <button id="btn">单击按钮</button>
10.     </div>
11.     <hr />
12.     <div id="result"></div>
13.     <script type="text/javascript">
14.         //事件处理函数
15.         var getClick1=function(event){
16.             document.getElementById("result").innerHTML+="事件捕获阶段:
    "+event.currentTarget+"<br>";
17.         }
18.         function getClick2(event) {
19.             document.getElementById("result").innerHTML+="冒泡捕获阶段:
    "+event.currentTarget+"<br>";
20.         }
21.
22.         //为按钮注册处理函数（捕获阶段）
23.         document.getElementById("btn").addEventListener("click",getClick1,tr
    ue);
24.         document.getElementById("test").addEventListener("click",getClick1,t
    rue);
```

```
25.          //为按钮注册处理函数（冒泡阶段）
26.          document.getElementById("btn").addEventListener("click",getClick2,fa
   lse);
27.          document.getElementById("test").addEventListener("click",getClick2,f
   alse);
28.     </script>
29. </body>
30. </html>
```

如上述代码所示，页面中分别为按钮、<div>元素的 onclick 事件注册了事件器，当用户单击“按钮”时，由于该按钮处于<div>元素内，所以该<div>元素也将被单击。代码运行结果如图 5-12 所示。

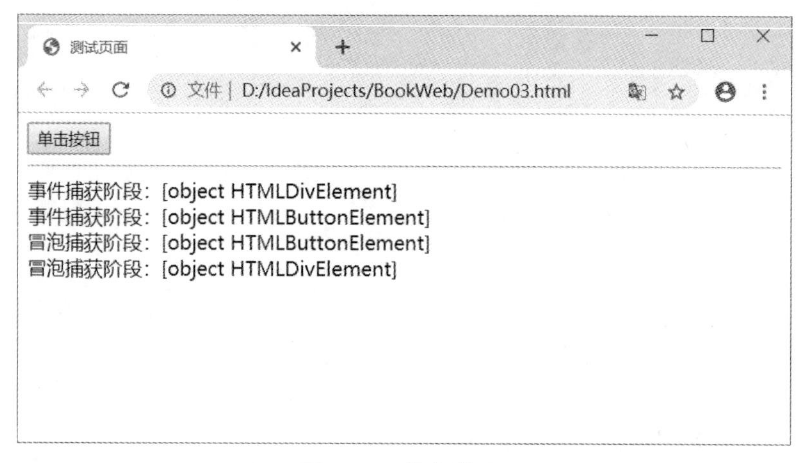

图 5-12　执行结果

事件捕获阶段的两个事件处理函数先被触发，而事件冒泡阶段的两个事件处理函数后被触发。而且，在捕获阶段，先触发<div>元素；而在冒泡阶段，则先触发 button，这与 DOM 的事件传播机制有关。

与 addEventListener()方法相对应，DOM 也提供了一个方法用于删除事件处理函数，该方法为 removeEventListener()，其语法格式如下：

objectTarget.removeEventListenter(“eventType”,handler,captureFlag)

上述方法为 objectTarget 删除事件处理器 handler，其参数与 addEventListener()方法中的 3 个参数完全类似，在此不再赘述。

5.10.3　事件类型

1．事件类型概述

目前 JavaScript 所能使用的事件大致可分为如下几类。

传统事件：传统事件是早期 Web 编程的遗产，也是普通开发者最熟悉的事件类型，如常见的 click 事件、window 事件等。

DOM3 规范事件：DOM3 规范引入了一些新的事件类型，某些浏览器可能并不完全支持这些事件。

HTML5 规范事件：HTML5 引入的新事件。

触屏设备的事件：因移动设备引入的一些支持触摸和手势的事件。

实际上，不管是哪种事件，对于用户来说处理方法是相同的，用户只要为事件目标绑定事件处理函数，当事件目标上发生相关事件时，浏览器就会将事件封装成 Event 对象，再将 Event 对象作为参数传给事件处理函数。

2．表单事件

传统表单事件见表 5-20。

表 5-20　传统表单事件

事件属性	对应的含义	支持该属性的 HTML 标签
submit	当表单提交时触发	<form>
reset	当重置表单时触发	<form>
change	当表单域的值被修改时触发	<input>、<select>、<textarea>
click	单击标签时触发	大多数可显示的标签
input	用户输入文字时触发	<input>、<textarea>
select	用户选择文本框时触发	<input>、<textarea>
focus	当标签得到焦点时触发	<button>、<input>、<label>、<select> <textarea>、<body>
blur	当标签失去焦点时触发	<button>、<input><、label>、<select> <textarea>、<body>

在上述表单事件中，除了 focus 和 blur 两个事件不会冒泡，其他所有表单都支持冒泡。

3．窗口事件

传统窗口事件见表 5-21。

表 5-21　传统窗口事件

事件属性	对应的含义	支持该属性的 HTML 标签
load	当对象被加载完成时触发	<body>、<iframe>、<img>
unload	当对象卸载完成时触发	<body>、<iframe>、<img>
beforeunload	当对象卸载时触发	<body>、<iframe>
error	加载对象出错时触发	<body>、<iframe>、<img>
focus	当窗口得到焦点时触发	<button>、<input>、<label>、<select> <textarea>、<body>
blur	当窗口失去焦点时触发	<button>、<input>、<label>、<select> <textarea>、<body>
resize	当窗口大小被改变时触发	<body>、<iframe>
scroll	当滚动窗口时触发	<body>

4．鼠标事件

传统鼠标事件见表 5-22。

表 5-22 传统鼠标事件

事件属性	对应的含义	支持该属性的 HTML 标签
Click	单击事件	大多数可显示的标签
Contextmenu	当上下文菜单出现时触发	大多数可显示的标签
Dblick	双击事件	大多数可显示的标签
mousedown	按下鼠标键时触发	大多数可显示的标签
mousemove	移动鼠标时触发	大多数可显示的标签
mouseout	鼠标移出元素时触发	大多数可显示的标签
mouseover	鼠标移到该元素上时触发	大多数可显示的标签
mouseup	松开鼠标键时触发	大多数可显示的标签

5．键盘事件

传统键盘事件见表 5-23。

表 5-23 传统键盘事件

事件属性	对应的含义	支持该属性的 HTML 标签
keydown	按下键盘上的某个键时触发	表单域控件标签和<body>标签
keypress	单击键盘上的某个键时触发	表单域控件标签和<body>标签
keyup	松开键盘上的某个键时触发	表单域控件标签和<body>标签

键盘事件提供了 keyCode 属性，返回用户按下或松开了哪个键。此外，键盘事件也支持 altKey、ctrlKey、metaKey、shiftKey 用于描述辅助键的按下情形。

keydown 和 keyup 事件是低级键盘事件，无论按下或松下哪个键（包括辅助键）都会触发它们：keypress 是较为高级的文本事件，因此只有当 keydown 事件按下的是可打印字符时，在 keydown 和 keyup 之间才会触发 keypress 事件，keypress 事件针对的是所产生的字符，而不是按下的键。

6．触屏事件

触屏有以下事件：

touchstart：手指触碰屏幕时触发该事件。

touchmove：手指在屏幕上滑动时触发该事件。

touchend：手指离开屏幕时触发该事件。

当触屏事件被触发之后，浏览器会触发事件封装成 Event 对象，该 Event 对象包含以下属性：

touches：该属性返回当前屏幕上所有触碰点组成的数组。

targetTouches：该属性返回当前 HTML 元素上所有触碰点组成的数组。

changedTouches：当前触屏事件所涉及的所有触碰点组成的数组。

上面那些数组的元素都是代表触碰点的 Touch 对象，Touch 对象包括了触碰的详细信息，其主要属性如下：

clientX/clientY：返回触碰点在浏览器窗口坐标系中的坐标。

pageX/pageY：返回触碰点在当前页面坐标系中的坐标。

screenX/screenY：返回触碰点在设备屏幕坐标系中的坐标。

target：返回该触屏事件的目标对象。

5.11　本章小结

本章首先介绍了 JavaScript 语言的基本知识，包括 JavaScript 的变量定义、数据类型、运算符、控制语句和函数等，然后介绍了对象的创建和使用，基于前面的知识，继续介绍了 BOM 的操作和 DOM 的操作，最后对 JavaScript 的事件处理知识进行介绍。本章的重点为 JavaScript 中对象、BOM、DOM 和事件相关的知识。本章的知识点是后续章节的基础，要求全面掌握相关知识，进而为后续章节的学习打下基础。

第 6 章　Vue 基础

6.1　Vue 简介

Vue（读音/vju:/，类似于 view）是一套构建用户界面的渐进式框架。Vue 只关注视图层，采用自底向上增量开发的设计。Vue 的目标是通过尽可能简单的 API 实现响应的数据绑定和组合的视图组件。

使用 Vue 技术可以让 Web 开发变得简单，同时也颠覆了传统前端开发模式，它提供了现代 Web 开发中常见的高级功能，比如：

（1）解耦视图与数据；

（2）可复用的组件；

（3）前端路由；

（4）状态管理；

（5）虚拟 DOM（Virtual DOM）。

6.1.1　MVVM 模式

Vue 在设计上使用 MVVM（Model-View-View-Model）模式。MVVM 的开发模式使前端从原先的 DOM 操作中解放出来，不再需要在维护视图和数据的统一上花大量的时间，只需要关注数据的变化，代码变得更加容易维护。

MVVM 开发模式是由经典的软件架构 MVC 衍生出来的。当 View（视图层）变化时，会自动更新 ViewModel（视图模型），反之亦然。View 和 ViewModel 之间通过双向绑定（data-binding）建立联系，如图 6-1 所示。

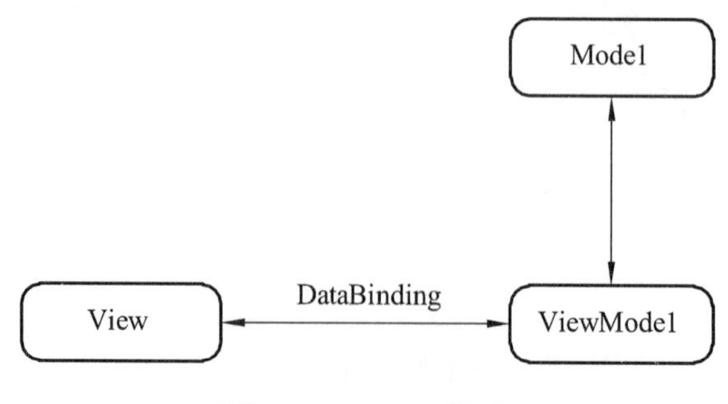

图 6-1　MVVM 关系

6.1.2 传统的开发模式

传统前端开发由于受 jQuery 技术体系的影响，大家普遍使用 jQuery 来完成界面交互、数据处理等工作。jQuery 是一个快速、简洁的 JavaScript 框架，通过引入 jQuery.js 文件实现对 DOM 的快捷、高效操作。基于 jQuery 技术的开发模型如图 6-2 所示。

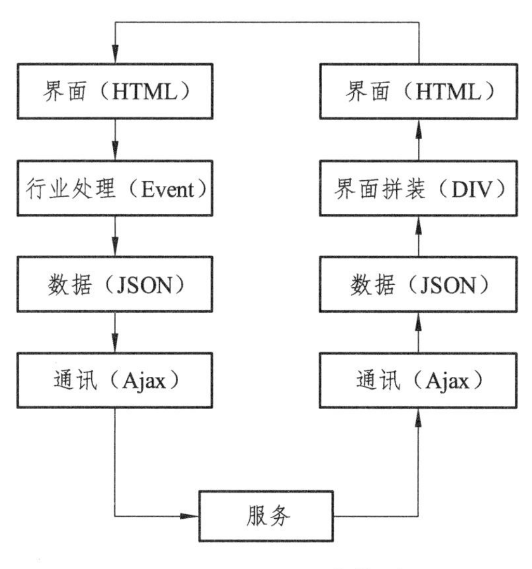

图 6-2 jQuery 开发模型

如果使用过 jQuery，那么一定对操作 DOM、绑定事件等这些原生 JavaScript 能力非常熟悉，比如对 DOM 中的一个元素绑定单击事件，当点击元素时隐藏 DOM 中的一个元素。

【示例 6-1】 引入 jQuery.js 文件，使用传统的开发模式操作 DOM。

```
1.  <!DOCTYPE html>
2.  <html>
3.  <head>
4.      <meta charset="utf-8">
5.      <title>测试页面</title>
6.      <!--引入 jQuery.js 文件-->
7.      <script src="https://code.jquery.com/jquery-3.4.1.min.js">
8.      </script>
9.      <script>
10.         //使用 jQuery 操作 DOM
11.         $(document).ready(function(){
12.             $("p").click(function(){
13.                 $(this).hide();
14.             });
15.         });
16.     </script>
```

```
17. </head>
18. <body>
19. <p>如果你点我，我就会消失。</p>
20. <p>继续点我!</p>
21. <p>接着点我!</p>
22. </body>
23. </html>
```

上述代码不难理解，操作的内容也不复杂，不过这样让视图代码和业务逻辑紧耦合在一起，随着功能不断增加，直接操作 DOM 会使代码越来越难以维护。

6.1.3 Vue 的开发模式

Vue 是一个渐进式的 JavaScript 框架，最简单的方式是通过直接引入 Vue.js 文件，引入 Vue 框架后，在<body>底部使用 new Vue()的方式创建一个实例，这就是 Vue 最基本的开发模式。

【示例 6-2】 引用 Vue.js 文件，使用 Vue 的开发模式。

```
1.  <!DOCTYPE html>
2.  <html lang="en">
3.  <head>
4.      <meta charset="UTF-8">
5.      <title>测试页面</title>
6.      <!--引入 Vue.js 文件-->
7.      <script src="https://cdn.jsdelivr.net/npm/vue/dist/vue.js"></script>
8.  </head>
9.  <body>
10.     <div id="app">
11.         <ul>
12.             <li v-for="book in books">{{book.name}}</li>
13.         </ul>
14.     </div>
15.     <script>
16.         //使用 Vue
17.         new Vue({
18.             el:'#app',
19.             data:{
20.                 books:[
21.                     {name:'HTML5 开发'},
22.                     {name:'JavaScript 开发'},
```

```
23.                     {name:'Vue 开发'}
24.                 ]
25.             }
26.         });
27.     </script>
28. </body>
29. </html>
```

在浏览器中运行上述代码，会将图书列表循环显示出来，执行结果如图 6-3 所示。

图 6-3　运行结果

6.1.4　Vue 的引入

Vue 是一个轻量级、渐进式的 JavaScript 框架，可以直接引入 Vue.js 文件。如果要开发全新的 Vue 项目，建议使用项目构建工具 Vue CLI（Vue 脚手架）来新建项目，Vue CLI 相关技术将在后续章节中进行介绍。

6.2　Vue 实例

1. 实例与数据

Vue 应用的创建很简单，通过构造函数 Vue 就可以创建一个 Vue 的实例。Vue 的核心是一个允许采用简洁的模板语法来声明式地将数据渲染进 DOM 的系统。

【示例 6-3】　使用 Vue 的 Hello World 页面。

```
1.  <!DOCTYPE html>
2.  <html lang="en">
3.  <head>
4.      <meta charset="UTF-8">
```

```
5.      <title>Vue 测试</title>
6.      <!--引入 Vue.js,也可以直接下载 Vue.js 到本地，通过本地引用方式引入-->
7.      <script src="https://cdn.jsdelivr.net/npm/vue/dist/vue.js"></script>
8.  </head>
9.  <body>
10.     <div id="app">
11.         {{message}}
12.     </div>
13.     <script>
14.         var app=new Vue({
15.             el:'#app',
16.             data:{
17.                 message:'Hello World!'
18.             }
19.         });
20.     </script>
21. </body>
22. </html>
```

在上述代码中，变量 app 就代表了这个 Vue 实例。在 Vue 对象中，el 属性用于指定一个页面中已存在的 DOM 元素来挂载 Vue 实例，它可以是 HTMLElement（如使用 el:document.getElementById('app')），也可以是 CSS 选择器（如上面的 el: '#app'）。data 属性声明需要双向绑定的数据（如上面的 message:'Hello World'）。需要注意的是，如果传入 data 的是一个对象，Vue 实例则代理起 data 对象里的所有属性，而不会对传入的对象进行深拷贝。定义数据后就可以在模板中使用{{message}}访问数据。比如在上述代码的<div id="app">{{message}}</div>中，message 实现了数据绑定，在 Vue 对象中修改 message 的值的同时会更新<div>中的信息。

运行上述代码后将在浏览器上显示“Hello World!”，如图 6-4 所示。

图 6-4　运行结果

2．生命周期

Vue 实例有一个完整的生命周期，是指从开始创建、初始化数据、编译模板、挂载 Dom→渲染、更新→渲染到销毁等的一系列过程。通俗地说，Vue 实例从创建到销毁的过程，就是生命周期。Vue 的生命周期如图 6-5 所示。

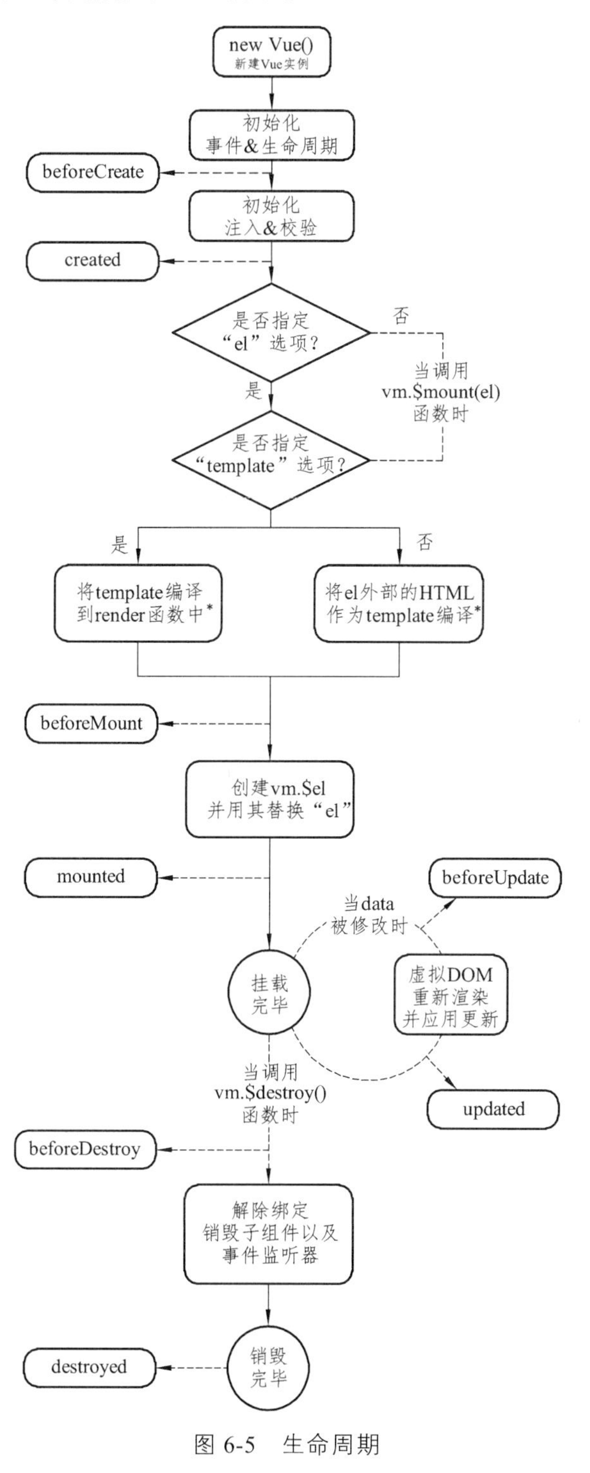

图 6-5　生命周期

下面是对 Vue 生命周期钩子的描述：

（1）beforeCreate（创建前）：在实例初始化之后，数据观测和事件配置之前被调用，此时组件的选项对象还未创建，el 和 data 并未初始化，因此无法访问 methods、data、computed 等上的方法和数据。

（2）created（创建后）：实例已经创建完成之后被调用，在这一步，实例已完成以下配置：数据观测、属性和方法的运算、watch/event 事件回调、data 数据的初始化。

（3）beforeMount（挂载前）：挂载开始之前被调用，相关的 render 函数首次被调用（虚拟 DOM），实例已完成以下的配置：编译模板，把 data 里面的数据和模板生成 html，完成了 el 和 data 初始化，注意此时还没有挂载 html 到页面上。

（4）Mounted（挂载后）：挂载完成，也就是模板中的 HTML 渲染到 HTML 页面中，此时一般可以做一些 ajax 操作，mounted 只会执行一次。

（5）beforeUpdate（更新前）：在数据更新之前被调用，发生在虚拟 DOM 重新渲染和打补丁之前，可以在该钩子中进一步地更改状态，不会触发附加的重渲染过程。

（6）updated（更新后）：在由于数据更改导致的虚拟 DOM 重新渲染和打补丁之后调用，调用时，组件 DOM 已经更新，所以可以执行依赖于 DOM 的操作，然后在大多数情况下，应该避免在此期间更改状态，因为这可能会导致更新无限循环，该钩子在服务器端渲染期间不被调用。

（7）beforeDestrioy（销毁前）：在实例销毁之前调用，实例仍然完全可用，这一步还可以用 this 来获取实例，一般在这一步做一些重置的操作，如清除掉组件中的定时器和监听的 DOM 事件。

（8）destroyed（销毁后）：在实例销毁之后调用，调用后，所有的事件监听器会被移出，所有的子实例也会被销毁，该钩子在服务器端渲染期间不被调用。

6.3 Vue 的语法

6.3.1 插值绑定

1．相关插值与表达式

Vue 中数据绑定最常见的形式就是使用“Mustache”语法（双大括号，“{{}}”）的文本插值，只要 Vue 实例中的数据发生了变化，插值处的内容都会更新。

后面的示例中，将只展示主要的代码内容，不再列出所有的代码内容。

【示例 6-4】 文本插值为{{msg}}，当 Vue 实例中 msg 的值发生变化的，页面也会更新。

```
1.  <div id="app">
2.      <p>Message: {{ msg }} </p>
3.  </div>
4.  <script>
5.      var app=new Vue({
```

```
6.          el:'#app',
7.          data:{
8.              msg:'你好，Vue!'
9.          }
10.     });
11. </script>
```

上面的双大括号将数据解释为普通文本，如果插值内容是HTML代码，Vue提供了v-html指令来绑定数据。

【示例 6-5】 插值为HTML代码。

```
1. <div id="app">
2.     <p>Message:<span v-html="msg"></span></p>
3. </div>
4. <script>
5.     var app=new Vue({
6.         el:'#app',
7.         data:{
8.             msg:'<span style="color:red;size:18px;">你好，Vue!</span>'
9.         }
10.    });
11. </script>
```

上面这个 <span> 的内容将会被替换成属性值 msg，直接作为 HTML。上述代码在浏览器中的运行结果如图 6-6 所示。

图 6-6 运行结果

在{{}}中，除了简单的绑定属性外，还可以使用JavaScript表达式进行简单的运算。

【示例 6-6】 对 name 进行 split()和 join()运算。

```
1. <div id="app">
2.     <p>{{ name.split('').join('|') }}</p>
```

```
3. </div>
4. <script>
5.     var app=new Vue({
6.         el:'#app',
7.         data:{
8.             name:'刘德华'
9.         }
10.     });
11. </script>
```

每个绑定中只能包含单个表达式，并不支持 JavaScript 语句，否则 Vue 会抛出异常。并且绑定表达式不支持正则表达式，如果需要进行复杂的转换，可以使用过滤器或者计算属性来处理。

上述页面的输出结果是：

刘|德|华

2．过滤器

Vue 支持在文本插值的尾部添加一个管道符“(|)”对数据进行过滤，经常用于格式化文本，如日期时间的格式化、字母全部大小写、货币逗号分隔等。过滤的规则是自定义的，通过给 Vue 实例添加选项 filters 来设置。

【示例 6-7】 对显示的当前时间进行格式化处理。

```
1. <div id="app">
2.     {{ currDate|formatDate }}
3. </div>
4. <script>
5.     var app=new Vue({
6.         el:'#app',
7.         data:{
8.             currDate:new Date()
9.         },
10.        filters:{
11.            formatDate:function (value) {
12.                var date=new Date(value);
13.                //将整理好的数据返回出去
14.                return date.getFullYear()+"-"+(date.getMonth()+1)+"-
   "+date.getDate()+" "+date.getHours()+":"+date.getMinutes()+":"+date.getSec-
   onds();
15.            }
16.        }
```

```
17.    });
18. </script>
```

上述页面的输出结果是：

2019-11-28 11:28:33

过滤器也可以串联，而且可以接收参数，例如：

```
1.  <!--串联-->
2.  {{ msg | filterA | filterB}}
3.  <!--传递参数-->
4.  {{ msg | filterA('arg1','arg2')}}
```

上述代码中字符串 arg1 和 arg2 将分别传给过滤器的第二个和第三个参数，因为第一个是数据本身。

注意，过滤器应当用于处理简单的文本转换，如果要实现复杂的数据变换，应该使用计算属性。

6.3.2 属性绑定

1．指令 v-bind

指令是 Vue 模板中最常用的一项功能，它带有前缀 v-。指令的主要职责就是当表达式的值改变时，相应的某些行为应用到 DOM 上。

v-bind 的基本用途是动态更新 HTML 元素上的属性，如 id、class 等。

【示例 6-8】 链接地址和图片地址都与数据绑定，当修改数据时链接地址和图片地址会自动更新。

```
1.  <div id="app">
2.    <img v-bind:src="img"><br>
3.    <a v-bind:href="url">百度链接</a>
4.  </div>
5.  <script>
6.    var app=new Vue({
7.        el:'#app',
8.        data:{
9.            url:'https://www.baidu.com/',
10.           img:'https://www.baidu.com/img/bd_logo1.png'
11.       }
12.   });
13. </script>
```

示例 6-8 执行后的结果为：

<img src=“https://www.baidu.com/img/bd_logo1.png”>

<a href="“ https://www.baidu.com/">百度链接</a>

语法糖是指在不影响功能的情况下，添加某种方法实现同样的效果，从而方便程序开发。Vue 中对 v-bind 和后面介绍的 v-on 指令都提供了语法糖，也可以说是缩写，比如 v-bind 直接写成一个冒号“:”，v-on 可以直接用“@”来缩写。

【示例 6-9】 v-bind 和 v-on 的语法糖。

```
1.   //语法糖
2.  <a v-bind:href="url">链接</a>
3.  <img v-bind:src="img">
4.  <!--缩写为-->
5.  <a :href="url">链接</a>
6.  <img :src="img">
7.
8.  <button v-on:click="handleClose">点击隐藏</button>
9.  <!--缩写为-->
10. <button @click="handleClose">点击隐藏</button>
```

2．类名绑定

在属性绑定中，最常见的两个需求就是元素的类名 class 和内联样式 style 的动态绑定。它们也是 HTML 的属性，因此可以使用 v-bind 计算出表达式最终的字符串就可以，但有时候表达式的逻辑较复杂时，使用字符串拼接方法较难阅读和维护，所以 Vue 增强了对 class 和 style 的绑定。

【示例 6-10】 给 v-bind:class 设置一个对象，可以动态地切换 class。

```
1.  <style type="text/css">
2.          .active{
3.              font-size: 20px;
4.              color:red;
5.          }
6.  </style>
7.  <div id="app">
8.      <div :class="{'active':isActive}">
9.          测试文本
10.     </div>
11. </div>
12. <script>
13.     var app=new Vue({
14.         el:'#app',
15.         data:{
16.             isActive:true
```

```
17.         }
18.     });
19. </script>
```

示例 6-10 中，对 v-bind 使用了语法糖“:”。如果不特殊说明，后面都将使用语法糖写法。代码中，类名 active 依赖于数据 isActive，当其为 true 时，<div>会拥有类名 Active，反之则没有。对象中也可以传入多个属性，来动态切换 class。另外，:class 可以与普通 class 共存。

【示例 6-11】 :class 和 class 共存的情况。

```
1.  <style type="text/css">
2.  .normal{
3.      font-size:18px;
4.  }
5.  .active{
6.      font-weight: bold;
7.  }
8.  .error{
9.      color:red;
10. }
11. </style>
12. <div id="app">
13.     <div class="normal" :class="{'active':isActive,'error':isError}">
14.         测试文本
15.     </div>
16. </div>
17. <script>
18.     var app=new Vue({
19.         el:'#app',
20.         data:{
21.             isActive:true,
22.             isError:false
23.         }
24.     });
25. </script>
```

:class 内的表达式每项为真时，对应的类名就会加载，渲染后的结果为：

<div class=”normal active”>测试文本</div>

当数据 isActive 和 isError 变化时，对应的 class 类名也会更新。比如当 isError 为 true 时，渲染后的结果为：

<div class=”normal active error”>测试文本</div>

当需要应用多个 class 时，可以使用数组语法，给:class 绑定一个数组，应用一个 class 列表。

【示例 6-12】 给:class 绑定一个数组。

```
1. <style type="text/css">
2. .active{
3.     font-size: 20px;
4. }
5. .error {
6.     color: red;
7. }
8. </style>
9. <div id="app">
10.     <div :class="[activeCls,errorCls]">
11.         测试文本
12.     </div>
13. </div>
14. <script>
15.     var app=new Vue({
16.         el:'#app',
17.         data:{
18.             activeCls:'active',
19.             errorCls:'error'
20.         }
21.     });
22. </script>
```

也可以使用三元表达式来根据条件切换 class。

【示例 6-13】 通过三元表达式选择 class。

```
1. <style type="text/css">
2. .active{
3.     font-size: 20px;
4. }
5. .error {
6.     color: red;
7. }
8. </style>
9. <div id="app">
10.     <div :class="[isActive?activeCls:'',errorCls]">
11.         测试文本
```

```
12.     </div>
13. </div>
14. <script>
15.     var app=new Vue({
16.         el:'#app',
17.         data:{
18.             isActive:true,
19.             activeCls:'active',
20.             errorCls:'error'
21.         }
22.     });
23. </script>
```

上述代码中，error 样式会始终应用，当数据 isActive 为 true 时，样式 active 才会被应用。class 有多个条件时，这样写较为烦琐，可以在数组语法中使用对象语法。

【示例 6-14】 在数组语法中使用对象语法。

```
1.  <style type="text/css">
2.  .active{
3.      font-size: 20px;
4.  }
5.  .error {
6.      color: red;
7.  }
8.  </style>
9.  <div id="app">
10.     <div :class="[{'active':isActive},errorCls]">
11.         测试文本
12.     </div>
13. </div>
14. <script>
15.     var app=new Vue({
16.         el:'#app',
17.         data:{
18.             isActive:true,
19.             errorCls:'error'
20.         }
21.     });
22. </script>
```

3．内联样式绑定

使用 v-bind:style（语法糖 :style）可以给元素绑定内联样式，方法与:class 类似，也有对象语法和数组语法，看起来很像直接在元素上写 CSS。

【示例 6-15】 对:style 使用对象语法。

```
1. <div id="app">
2.     <div :style="{'color':color,'fontSize':fontSize+'px'}">
3.         测试文本
4.     </div>
5. </div>
6. <script>
7.     var app=new Vue({
8.         el:'#app',
9.         data:{
10.            color:'red',
11.            fontSize:18
12.        }
13.    });
14. </script>
```

CSS 属性名称使用驼峰命名（camelCase）或短横分隔命名（kabab-case）。

上述代码渲染后的结果：

<div style="color:red;font-size:18px">测试文本</div>

【示例 6-16】 对:style 使用数组语法。

```
1. <div id="app">
2.     <div :style="[styleA,styleB]">
3.         测试文本
4.     </div>
5. </div>
6. <script>
7.     var app=new Vue({
8.         el:'#app',
9.         data:{
10.            styleA:{fontSize:'30px'},
11.            styleB:{color:'red'}
12.        }
13.    });
14. </script>
```

6.3.3 事件绑定

1．指令 v-on

指令 v-on 用来绑定事件监听器，类似于原生 JavaScript 的 onclick。

【示例 6-17】 为<button>绑定一个单击事件 v-on:click（语法糖：@click），设置一个计数器，每次点击都加 1。

```
1. <div id="app">
2.     点击次数：{{counter}}
3.     <button @click="addCounter">加 1</button>
4. </div>
5. <script>
6.     var app=new Vue({
7.         el:'#app',
8.         data:{
9.             counter:0
10.        },
11.        methods:{
12.            addCounter:function () {
13.                this.counter++;
14.            }
15.        }
16.    });
17. </script>
```

上述代码中，给 button 使用@click="addCounter"绑定了一个点击事件，当点击按钮时，Vue 会调用实例的 methods 属性内的 addCounter ()方法，在方法中修改 counter 属性值，同时 Vue 会将更新插值。

在浏览器中的运行结果如图 6-7 所示。

图 6-7 运行结果

在 methods 中定义了需要的方法供@click 调用，需要注意的是，如果@click 调用的方法没有参数时，可以将方法名后的括号“()”省略不写。

这种在 HTML 元素上监听事件的设计看似将 DOM 与 JavaScript 紧耦合，违背分离的原理，实则相反。因为通过 HTML 就可以知道调用的是哪个方法，将逻辑与 DOM 解耦，便于维护，最重要的是，当 ViewModel 销毁时，所有的事件处理器都会自动删除，无须自己清理。

2. 修饰符

Vue 中，在@绑定的事件后加点“.”，再跟一个后缀就是修饰符。Vue 支持以下修饰符：

（1）.stop；

（2）.prevent；

（3）.capture；

（4）.self；

（5）.once。

具体用法如下：

```
1.  <!--阻止单击事件冒泡-->
2.  <a @click.stop="handle"></a>
3.  <!--提交事件不再重载页面-->
4.  <a @submit.prevent="handle"></a>
5.  <!--修饰符可以串联-->
6.  <a @click.stop.prevent="handle"></a>
7.  <!--只有修饰符-->
8.  <a @click.prevent></a>
9.  <!--添加事件侦听器时使用事件捕获模式-->
10. <a @click.capture="handle"></a>
11. <!--只当事件在该元素本身（而不是子元素）触发时触发回调-->
12. <a @click.self="handle"></a>
13. <!--只触发一次，组件同样适用-->
14. <a @click.once="handle"></a>
```

在表单元素上监听键盘事件时，还可以使用按键修饰符。

【示例 6-18】 按下具体某个键时才调用方法。

```
1.  <!--当 keyCode 是 13 时调用 submit()-->
2.  <input @keyup.13="submit">
```

除了具体的某个 keyCode 外，Vue 还提供了一些按键的快捷名称，以下是全部按键的别名：

（1）.enter；

（2）.tab；

（3）.delete（捕获“删除”和“退格”）；

（4）.esc；

（5）.space；
（6）.up；
（7）.down；
（8）.left；
（9）.right；
（10）.ctrl；
（11）.alt；
（12）.shift；
（13）.meta（Mac 中的 Command 键，Windows 下是窗口键）。

这些按键修饰符可以组合使用，也可以与鼠标一起配合作用。

【示例 6-19】 按键修饰符的组合使用方法。

```
1. <!--Shift+S 组合-->
2. <input @keyup.shift.83="submit">
3. <!--Ctrl+单击-->
4. <button @click.ctrl="submit">提交</button>
```

6.3.4 双向绑定

1．指令 v-model

表单控件在实际业务中较为常见，如单选、多选、下拉选择、输入框等。Vue 提供了 v-model 指令，用于在表单类元素上双向绑定数据。

【示例 6-20】 input 映射到数据上，实现双向绑定。

```
1. <div id="app">
2.     <input type="text" v-model="message" >
3.     <p>输入的内容是：{{ message }}</p>
4. </div>
5. <script>
6.     var app=new Vue({
7.         el:'#app',
8.         data:{
9.             message:''
10.         }
11.     });
12. </script>
```

在输入框输入内容的同时，{{message}}也会实时将内容渲染在视图中，运行结果如图 6-8 所示。

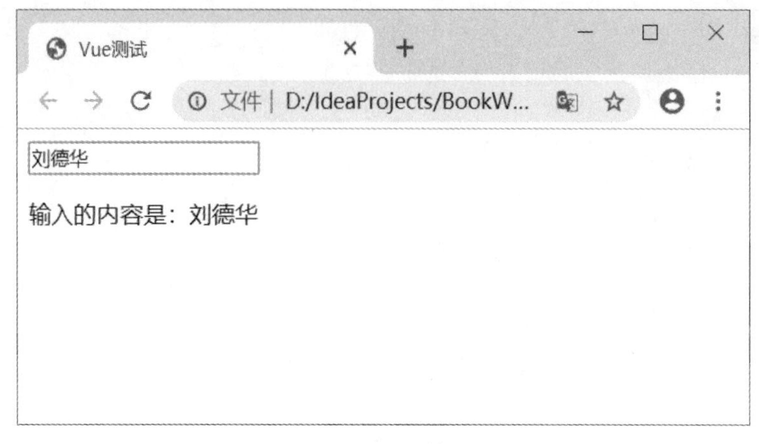

图 6-8　运行结果

2．v-model 的修饰符

与事件的修饰符类似，v-model 也有修饰符，用于控制数据同步的时机。

.lazy：在输入框中，v-model 默认是在 input 事件中同步输入框的数据，使用修饰符.lazy 会转变为在 change 事件中同步。

【示例 6-21】　使用.lazy 实现延后同步，即 message 并不是实时改变，而是在失焦或按回车时才更新。

```
1.  <div id="app">
2.      <input type="text" v-model.lazy="message" >
3.      <p>输入的内容是：{{ message }}</p>
4.  </div>
5.  <script>
6.      var app=new Vue({
7.          el:'#app',
8.          data:{
9.              message:''
10.         }
11.     });
12. </script>
```

.number：使用修饰符.number 可以将输入转换为 Number 类型，否则虽然输入的是数字，但它的类型其实是 String。

【示例 6-22】　使用.number 强制输入的类型为 Number。

```
1.  <div id="app">
2.      <input type="text" v-model.number="message" >
3.      <p>输入的内容是：{{ typeof message }}</p>
4.  </div>
5.  <script>
```

```
6.     var app=new Vue({
7.         el:'#app',
8.         data:{
9.             message:123
10.        }
11.    });
12. </script>
```

.trim：修饰符.trim 可以自动过滤输入的首尾空格。

【示例 6-23】 使用.trim 删除输入框中的首尾空格字符。

```
1. <div id="app">
2.     <input type="text" v-model.trim="message" >
3.     <p>输入的内容是：{{ message }}</p>
4. </div>
5. <script>
6.     var app=new Vue({
7.         el:'#app',
8.         data:{
9.             message:''
10.        }
11.    });
12. </script>
```

6.3.5 条件渲染和列表渲染

1．指令 v-if 和 v-show

与 JavaScript 的条件 if、else 类似，Vue 的条件指令可以根据表达式的值在 DOM 中渲染或销毁元素/组件。

【示例 6-24】 使用 v-if 实现选择显示<p>元素。

```
1. <div id="app">
2.     <p v-if="status===1">当前 status 为 1</p>
3.     <p v-else-if="status===2">当前 status 为 2</p>
4.     <p v-else>当前 status 为其他</p>
5. </div>
6. <script>
7.     var app=new Vue({
8.         el:'#app',
9.         data:{
10.            status:1
```

```
11.         }
12.     });
13. </script>
```

v-else-if 要紧跟 v-if，v-else 要紧跟 v-else-if 或 v-if，表达式的值为 true 时，当前元素将被渲染，当为 false 时被移除。如果一次判断的是多个元素，可以在 Vue 内置的<template>元素上使用条件指令，最终渲染的结果不会包含该元素。

【示例 6-25】 使用<template>的条件选择。

```
1.  <div id="app">
2.      <template v-if="status===1">
3.          <p>这是文本</p>
4.          <p>这是文本</p>
5.      </template>
6.  </div>
7.  <script>
8.      var app=new Vue({
9.          el:'#app',
10.         data:{
11.             status:1
12.         }
13.     });
14. </script>
```

Vue 在渲染时，出于效率考虑，会尽可能地复用已有的元素而非重新渲染。

【示例 6-26】 复用<input>元素。

```
1.  <div id="app">
2.      <template v-if="type==='name'">
3.          <label>用户名：</label>
4.          <input placeholder="输入用户名">
5.      </template>
6.      <template v-else>
7.          <label>邮箱：</label>
8.          <input placeholder="输入邮箱">
9.      </template>
10.     <button @click="handleToggle">切换输入类型</button>
11. </div>
12. <script>
13.     var app=new Vue({
14.         el:'#app',
15.         data:{
```

```
16.             type:'name'
17.         },
18.         methods:{
19.             handleToggle:function () {
20.                 this.type=(this.type==='name'?'mail':'name');
21.             }
22.         }
23.     });
24. </script>
```

执行上述代码，在键入内容后，点击“切换输入类型”按钮，虽然 DOM 变了，但之前在输入框中的内容并没有改变，则说明<input>元素被复用了。运行结果如图 6-9 和图 6-10 所示。

图 6-9　运行结果 1

图 6-10　运行结果 2

如果不希望这样做，可以使用 Vue 提供的 key 属性，它可以决定是否复用元素，key 的值必须是唯一的。

【示例 6-27】　为每个<input>设置一个 key。

```
1. <div id="app">
2.     <template v-if="type==='name'">
3.         <label>用户名：</label>
4.         <input placeholder="输入用户名" key="username">
5.     </template>
6.     <template v-else>
7.         <label>邮箱：</label>
8.         <input placeholder="输入邮箱" key="useremail">
9.     </template>
10.    <button @click="handleToggle">切换输入类型</button>
11. </div>
12. <script>
13.    var app=new Vue({
14.        el:'#app',
15.        data:{
16.            type:'name'
17.        },
18.        methods:{
19.            handleToggle:function () {
20.                this.type=(this.type==='name'?'mail':'name');
21.            }
22.        }
23.    });
24. </script>
```

给两个<input>元素都增加 key 后，就不会复用了，切换类型时输入的内容也会被删除，不过<label>元素仍然会被复用，因为没有添加 key 属性。

v-show 的用法与 v-if 基本一致，只不过 v-show 是改变元素的 CSS 属性 display。当 v-show 表达式的值为 false 时，元素会隐藏，其值为 true 时会显示元素。

【示例 6-28】 使用 v-show 隐藏元素。

```
1. <div id="app">
2.     <p v-show="status===1">当前 status 为 1</p>
3. </div>
4. <script>
5.     var app=new Vue({
6.         el:'#app',
7.         data:{
8.             status:1
9.         }
```

```
10.     });
11. </script>
```

渲染后的结果为：

<p style="display:none;">当前 status 为 1</p>

v-if 和 v-show 具有类似的功能，不过 v-if 才是真正的条件渲染，它会根据表达式适当地销毁或重建元素。若表达式的初始值为 false 时，则一开始元素并不会渲染，只有当条件为 true 时才开始渲染。

而 v-show 只是简单的 CSS 属性切换，无论条件真与否，都会被渲染。相比之下，v-if 更适合条件不经常改变的场景，而 v-show 适合于频繁切换条件。

注意：v-show 不能在<template>上使用。

2．指令 v-for

当需要将一个数组遍历或枚举一个对象循环显示时，就会用到列表渲染指令 v-for。它的表达式需结合 in 来使用，类似 item in items 的形式。

【示例 6-29】 用 v-for 列表数组。

```
1.  <div id="app">
2.      <ul>
3.          <li v-for="book in books">{{book.name}}</li>
4.      </ul>
5.  </div>
6.  <script>
7.      var app=new Vue({
8.          el:'#app',
9.          data:{
10.             books:[
11.                 {name:'Java 程序设计'},
12.                 {name:'HTML 设计'},
13.                 {name:'Vue 设计'},
14.             ]
15.         }
16.     });
17. </script>
```

运行结果如图 6-11 所示。

在表达式中，books 是数据，book 是当前数组元素的别名，循环出的每个<li>内的元素都可以访问到对应的当前数据 book。列表渲染也支持用 of 代替 in 作为分隔符。v-for 的表达式支持一个可选参数作为当前项的索引。

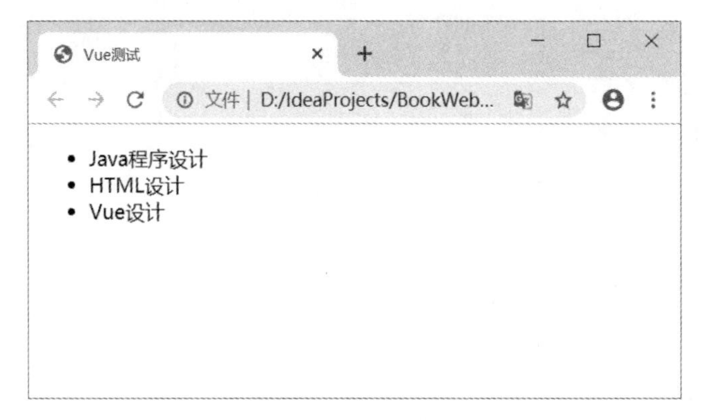

图 6-11　运行结果

【示例 6-30】　用 index 作为索引。

```
1.  <div id="app">
2.      <ul>
3.          <li v-for="(book,index) in books">{{index}}-{{book.name}}</li>
4.      </ul>
5.  </div>
6.  <script>
7.      var app=new Vue({
8.          el:'#app',
9.          data:{
10.             books:[
11.                 {name:'Java 程序设计'},
12.                 {name:'HTML 设计'},
13.                 {name:'Vue 设计'},
14.             ]
15.         }
16.     });
17. </script>
```

分隔符 in 前的括号中的第二项是 books 当前项的索引，渲染后的结果如图 6-12 所示。

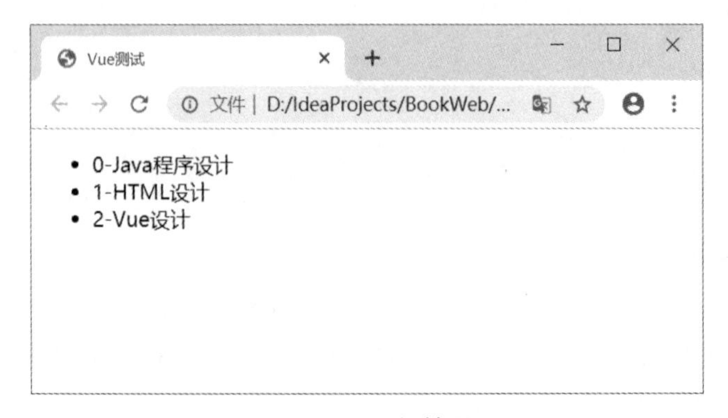

图 6-12　运行结果

除数组外，对象的属性也可以遍历。遍历对象属性时，有两个可选参数，分别是键名和索引。

【示例 6-31】 遍历对象属性。

```
1.  <div id="app">
2.      <ul>
3.          <li v-for="(value,key,index) in user">
4.              {{index}}-{{key}}:{{value}}
5.          </li>
6.      </ul>
7.  </div>
8.  <script>
9.      var app=new Vue({
10.         el:'#app',
11.         data:{
12.             user:{
13.                 name:'Aresn',
14.                 gender:'male',
15.                 age:23
16.             }
17.         }
18.     });
19. </script>
```

渲染后的运行结果如图 6-13 所示。

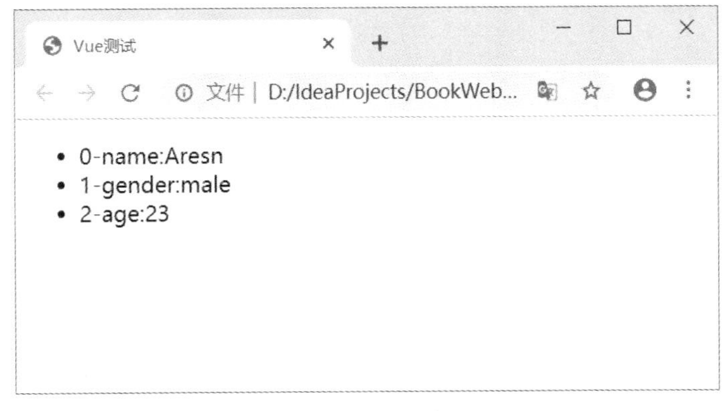

图 6-13 运行结果

v-for 还可以迭代整数。

【示例 6-32】 循环显示整数。

```
1.  <div id="app">
2.      <span v-for="n in 10">{{n}}</span>
```

```
3. </div>
4. <script>
5.     var app=new Vue({
6.         el:'#app',
7.         data:{
8.         }
9.     });
10. </script>
```

渲染后的结果为：

1 2 3 4 5 6 7 8 9 10

6.4 Vue 选项

6.4.1 数据选项

Vue 实例中通过 data 属性定义数据,这些数据可以在实例对应的模板中进行绑定并使用。需要注意的是，如果传入 data 的是一个对象，Vue 实例会代理起 data 对象里的所有属性，而不会对传入的对象进行。另外，也可以引用 Vue 实例 vm 中的$data 来获取声明的数据。

【示例 6-33】 使用 vm.$data 访问数据。

```
1. var val={abc:123};
2. //Vue 实例
3. var vm=new Vue({
4.     data:val
5. })
6.
7. //在控制台输出值
8. console.log(val.abc);//输出：123
9. console.log(vm.abc);//输出：123
10. val.abc=456;
11. console.log(val.abc);//输出：456
12. console.log(vm.abc);//输出：456
```

然后在模板中使用{{a}}就会输出 vm.abc 的值，并且修改 vm.abc 的值，模板中的值会随之改变，我们称这个数据为响应式（responsive）数据。

6.4.2 方法选项

可以通过选项属性 methods 对象来定义方法。上述示例中已经多次定义并使用方法。

【示例 6-34】 在 methods 中定义方法。

```
1.  <div id="app">
2.      <button @click="alert">alert</button>
3.  </div>
4.  <script>
5.      var app=new Vue({
6.          el:'#app',
7.          data:{
8.          },
9.          methods:{
10.             alert:function(){
11.                 alert('你点击了按钮');
12.             }
13.         }
14.     });
15. </script>
```

6.4.3 计算属性

计算属性是以函数的形式写在 Vue 实例内的 computed 选项内，最终返回计算后的结果。在一个计算属性里可以完成各种复杂的逻辑，包括运算、函数调用等，只要最终返回一个结果就可以。计算属性可以依赖多个 Vue 实例的数据，只要其中任意一个数据变化，计算属性就会重新计算，视图也会更新。

【示例 6-35】 根据 price 和 count 计算总价。

```
1.  <div id="app">
2.      <p>总价：{{prices}}</p>
3.  </div>
4.  <script>
5.      var app=new Vue({
6.          el:'#app',
7.          data:{
8.               price:8,
9.               count:2
10.         },
11.         computed:{
12.             prices:function(){
13.                  return this.count*this.price;//计算并返回总价
14.             }
15.         }
16.     });
17. </script>
```

示例 6-35 中，如果 price 或 count 发生任何变化，计算属性 prices 就会自动更新，视图中的总价也会发生自动变化。

每一个计算属性都包含一个 getter 和一个 setter，默认用法是 getter。在需要时，也可以提供一个 setter 函数，当手动修改计算属性的值就像修改一个普通数据那样时，就会触发 setter 函数，执行一些自定义的操作。

【示例 6-36】 使用 setter 函数和 getter 函数。

```
1. <div id="app">
2.     <p>姓名：{{fullName}}</p>
3. </div>
4. <script>
5.     var app=new Vue({
6.         el:'#app',
7.         data:{
8.             firstName:'Jack',
9.             lastName:'Green'
10.        },
11.        computed:{
12.            fullName:{
13.                //getter 函数
14.                get:function () {
15.                    return this.firstName+" "+this.lastName;
16.                },
17.                //setter 函数
18.                set:function(newval){
19.                    var names=newval.split(" ");
20.                    this.firstName=names[0];
21.                    this.lastName=names[names.length-1];
22.                }
23.            }
24.        }
25.    });
26. </script>
```

当执行 app.fullName='John Doe'；时，setter 就会被调用，数据 firstName 和 lastName 都会被更新，视图同样也会更新。

绝大多数情况下，只会用默认的 getter 方法来读取一个计算属性，在业务中很少用到 setter，所以在声明一个计算属性时，可以直接使用默认的写法，不必将 getter 和 setter 都声明。

计算属性还有两个很实用的小技巧容易被忽略：一是计算属性可以依赖其他计算属性；

二是计算属性不仅可以依赖当前 Vue 实例的数据，还可以依赖其他实例的数据。

【示例 6-37】 计算属性依赖于另一个 Vue 实例的数据。

```
1.  <div id="app1"></div>
2.  <div id="app2">
3.      <p>输出：{{reversedText}}</p>
4.  </div>
5.  <script>
6.      var app1=new Vue({
7.          el: '#app1',
8.          data: {
9.              text: '123,456'
10.         }
11.     });
12.     var app2=new Vue({
13.         el:'#app2',
14.         data:{},
15.         computed:{
16.             reversedText:function(){
17.                 //这里依赖的是实例 app1 的数据 text
18.                 return app1.text.split(',').reverse().join(",");
19.             }
20.         }
21.     });
22. </script>
```

上述代码中创建了两个 Vue 实例——app1 和 app2，在 app2 的计算属性 reversedText 中依赖 app1 的数据 text，所以当 text 变化时，实例 app2 的计算属性也会变化。渲染的运行结果如图 6-14 所示。

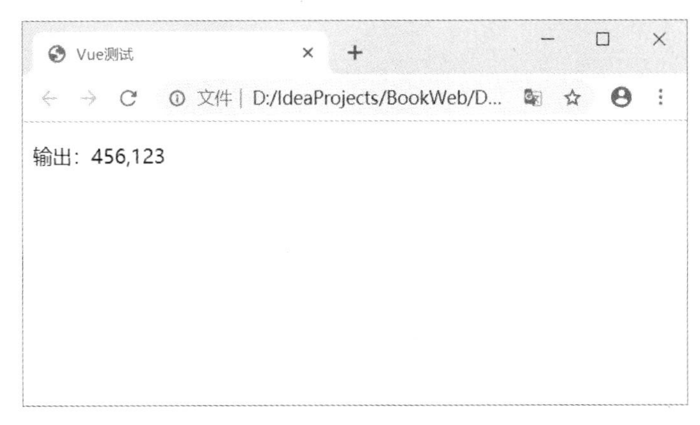

图 6-14　运行结果

由此可以发现，在 methods 里定义一个方法也可以实现与计算属性相同的效果，甚至方法还可以接受参数，使用起来更灵活。既然使用方法可以实现，那么为什么还需要计算属性呢？原因就是计算属性是基于其他依赖缓存的。一个计算属性所依赖的数据发生变化时，它才会重新取值，所以 text 只要不改变，计算属性也就不更新。

使用计算属性还是 methods 取决于是否需要缓存，当遍历大数组和做大量计算时，应使用计算属性，除非不希望得到缓存。

6.4.4 侦听属性

虽然计算属性在大多数情况下更加适合，但 Vue 也提供了一个更加通用的方法来响应数据的变化，当需要在数据变化时执行异步或者开销较大的操作时，侦听属性是非常有用的。

【示例 6-38】 通过侦听属性响应数据变化。

```
1. <div id="app">
2.     <p>全名：{{fullName}}</p>
3. </div>
4. <script>
5.     var app=new Vue({
6.         el:'#app',
7.         data:{
8.             firstName:'Jack',
9.             lastName:'Tim',
10.            fullName:'Jack Tim'
11.        },
12.         watch:{
13.            firstName:function (newVal,oldVal) {
14.                this.fullName=newVal+" "+this.lastName;
15.            },
16.             lastName:function(newVal,oldVal){
17.                this.fullName=this.firstName+" "+newVal;
18.             }
19.         }
20.    });
21. </script>
```

上述代码示例中，对 firstName 和 lastName 进行侦听，当它们发生变化时调用回调函数，此函数有两个参数 newVal 和 oldVal，分别表示修改后的新值和修改前的旧值，需要在回调函数中完成对 fullName 的更新。

6.5 Vue 组件

6.5.1 组件与复用

代码复用是软件开发中很常见的，就是一些控件、JavaScript 能力的复用。Vue 的组件就是提高重用性，让代码可复用。

在 Vue 中使用组件之前，需要先注册组件。注册组件有全局注册和局部注册两种方式。

1. 全局注册

全局注册的语法如下：

```
1.  //定义并注册全局组件
2.  Vue.component("my-component-name",{
3.      //选项
4.  })
```

全局注册后，任何 Vue 实例都可以复用。

【示例 6-39】 使用全局注册组件方式。

```
1.  <div id="app">
2.      <!--复用组件-->
3.      <button-counter></button-counter>
4.      <button-counter></button-counter>
5.  </div>
6.  <script>
7.      //定义并全局注册一个名为 button-counter 的新组件
8.      Vue.component('button-counter',{
9.         data:function(){
10.            return { count:0 }
11.        } ,
12.         template:'<button v-on:click="count++">点击{{count}}</button>'
13.     });
14.     var app=new Vue({
15.         el:'#app',
16.         data:{}
17.     });
18. </script>
```

上述代码中，button-counter 就是注册的组件自定义标签名称，推荐使用连接符（“-”）的形式命名。要在父实例中使用这个组件，必须要在实例创建前注册，之后就可以使用<button-counter></button-counter>的形式使用组件了。在组件选项中 template 属性就是组件的视图，template 的 DOM 结构必须被一个元素包含，如果只写文本是无法渲染的。组件是可复用的 Vue 实例，所以组件与 Vue 实例接收相同的选项，包括 data、computed、watch、methods 以及生命周期钩子等。Vue 根实例唯一特有选项就是 el，在组件中没有 el 属性。

渲染运行结果如图 6-15 所示。

图 6-15　运行结果

在上述示例中，我们复用了两个组件，每个组件都各自独立维护自己的 count，点击每一个按钮时点击次数是独立计数的，主要原因是组件的 data 是一个函数而不是一个对象，表示每个组件实例维护一份被返回对象的独立的拷贝，所以在定义组件时 data 选项必须是一个函数。

2．局部注册

局部注册的语法如下：

```
1.  //定义组件
2.  var ComponentA={
3.      //选项
4.  }
5.
6.  //注册局部组件
7.  new Vue({
8.      components:{
9.          'component-a':ComponentA
10.     },
11.     //选项
12. })
```

全局注册组件意味着即使已经不再使用一个组件了，它仍然会被包含在页面中，这就造成了无谓的代码增加。而局部注册组件就是按需注册组件。

【示例 6-40】　使用局部注册组件。

```
1.  <div id="app">
```

```
2.     <!--复用组件-->
3.     <button-counter></button-counter>
4.     <button-counter></button-counter>
5. </div>
6. <script>
7.     //定义组件
8.     var ButtonCounter={
9.         data:function(){
10.            return { count:0 }
11.        } ,
12.        template:'<button v-on:click="count++">点击{{count}}</button>'
13.    }
14.
15.    //注册局部组件
16.    var app=new Vue({
17.        el:'#app',
18.        components:{
19.            'button-counter':ButtonCounter
20.        },
21.        data:{}
22.    });
23. </script>
```

上述代码中，先定义一个组件 ButtonCounter，然后在要使用组件的 Vue 实例中使用 components 选项来注册组件 ButtonCounter 为 button-counter，注册完成后就可以通过<button-counter></button-counter>来复用组件。

定义组件名的方式有两种：

（1）使用 kebab-case（短横线分隔命名）定义一个组件。此时必须在引用这个元素时使用 kabab-case，如<my-component-name>。

（2）使用 PascalCase（首字母大写命名）定义一个组件。

在引用这个元素时两种命名法都可以使用。也就是说<my-component-name>和<MyComponentName>都是可接受的。注意，尽管如此，直接在 DOM 中使用时只有 kebab-case 有效。

6.5.2 使用 props 传递数据

1．基本用法

组件不仅仅是要把模板的内容进行复用，更重要的是组件间要进行通信。通常父组件的模板中包含子组件，父组件要正向地向子组件传递数据或参数，子组件接收到后根据参数的不同来渲染不同的内容或执行操作。这个正向传递数据的过程就是通过 props 来实现的。

在组件中，使用选项 props 来声明需要从父级接收的数据。props 的值可以是两种，一种是字符串数组，一种是对象。

【示例 6-41】 **使用 props 在组件间正向传递参数。**

```
1. <div id="app">
2.     <!--使用组件-->
3.     <my-message message="来自父组件的数据"></my-message>
4. </div>
5. <script>
6.     //定义组件
7.     var MyMessage={
8.         props:['message'],
9.         template:'<div>{{message}}</div>'
10.    }
11.    //注册组件
12.    var app=new Vue({
13.        el:'#app',
14.        components:{
15.            'my-message':MyMessage
16.        }
17.    });
18. </script>
```

渲染后的结果为：

<div>来自父组件的数据<div>

props 中声明的数据与组件 data 函数返回的数据的主要区别就是：props 来自父级，而 data 中的是组件自己的数据，作用域是组件本身，这两种数据都可以在模板 template 及计算属性 computed 和方法 methods 中使用。例 6-41 中的数据 message 就是通过 props 从父级传递过来的，在组件的自定义标签上直接写该 props 的名称，如果要传递多个数据，在 props 数组中添加项即可。

由于 HTML 特征不区分大小写，当使用 DOM 模板时，驼峰命名（CamelCase）的 props 名称转为短横线分隔命名（kebab-case）。

有时候，传递的数据并不是静态数据的，而是来自父级的动态数据，这时可以使用指令 v-bind 来动态绑定 props 的值。当父组件的数据变化时，也会传递给子组件。

【示例 6-42】 使用 props 传递动态数据。

```
1. <div id="app">
2.     <input type="text" v-model="inputMsg">
3.     <!--使用组件-->
```

```
4.      <my-message :message="inputMsg"></my-message>
5.  </div>
6.  <script>
7.      //定义组件
8.      var MyMessage={
9.          props:['message'],
10.         template:'<div>{{message}}</div>'
11.     }
12.     //注册组件
13.     var app=new Vue({
14.         el:'#app',
15.         data:{
16.           inputMsg:''
17.         },
18.         components:{
19.             'my-message':MyMessage
20.         }
21.     });
22. </script>
```

上面用 v-model 绑定了数据 inputMsg，当通过输入框任意输入时，子组件接收到的 message 也会实时响应，并更新组件模板。渲染后的运行结果如图 6-16 所示。

图 6-16　运行结果

2．单向数据流

在业务中会经常遇到两种需要改变 prop 的情况。一种是父组件传递初始值进来，子组件将它作为初始值保存起来，在自己的作用域下可以随意使用和修改。这种情况可以在组件 data 内声明一个数据，引用父组件的 prop。

【示例 6-43】　将 prop 的值作为初始值。

```
1.  <div id="app">
```

```
2.     <!--使用组件-->
3.     <my-component :init-count="1"></my-component>
4. </div>
5. <script>
6.     //定义组件
7.     var MyComponent={
8.         props:['initCount'],
9.         data:function(){
10.          return {
11.              count:this.initCount
12.          }
13.        },
14.        template:'<div>{{count}}</div>'
15.    }
16.    //注册组件
17.    var app=new Vue({
18.        el:'#app',
19.        components:{
20.            'my-component':MyComponent
21.        }
22.    });
23. </script>
```

组件中声明了数据 count，它在组件初始化时会获取来自父组件的 initCount，之后就与之无关了，只用维护 count，这样就可以避免直接操作 initCount。

另一种情况就是 prop 作为需要被转变的原始值传入。这种情况用计算属性就可以了。

【示例 6-44】 将 prop 传到计算属性。

```
1. <div id="app">
2.     <!--使用组件-->
3.     <my-component :width="300"></my-component>
4. </div>
5. <script>
6.     //定义组件
7.     var MyComponent={
8.         props:['width'],
9.         template:'<div style="background-color:red;" :style="style">组件内容
   </div>',
10.        computed:{
11.            style:function () {
```

```
12.                 return{
13.                     width:this.width+'px'
14.                 }
15.             }
16.         }
17.     }
18.     //注册组件
19.     var app=new Vue({
20.         el:'#app',
21.         components:{
22.             'my-component':MyComponent
23.         }
24.     });
25. </script>
```

因为用 CSS 传递宽度要带单位（px），但是每次都写太麻烦，而且数值计算一般是不带单位的，所以统一在组件内使用计算属性就可以了。

3．数据验证

上述 props 选项的值都是一个数组，除了数组外，还可以是对象，当 prop 需要验证时，就需要对象写法。当组件需要提供给别人使用时，推荐都进行数据验证。

【示例 6-45】 对 prop 进行数字类型验证，如果传入字符串就会弹出警告。

```
1. props:{
2.     //必须是数字类型
3.     propA:Number,
4.     //必须是字符串或者数字类型
5.     propB:[String,Number],
6.     //布尔值，如果没有定义，默认值就是 true
7.     propC:{
8.         type:Boolean,
9.         default:true
10.     },
11.     //数字类型，而且是必传属性
12.     propD:{
13.         type:Number,
14.         required:true
15.     },
16.     //如果是数组或者对象，默认值必须是一个函数来返回
17.     propE:{
```

```
18.         type:Array,
19.         default:function () {
20.             return [];
21.         }
22.     },
23.     //自定义一个验证函数
24.     propF:{
25.         validator:function(value){
26.             return value>10;
27.         }
28.     }
29. }
```

验证的 type 类型可以是 String、Number、Boolean、Object、Array 和 Function。

type 也可以是一个自定义构造器，使用 instanceof 检测。

当 prop 验证失败时，在开发版本下会在控制台抛出一条警告。

6.5.3 组件通信

从父组件向子组件通信，通过 props 传递数据就可以了，但 Vue 组件通信的场景不止有这一种，归纳起来，组件之间通信可以用图 6-17 表示。

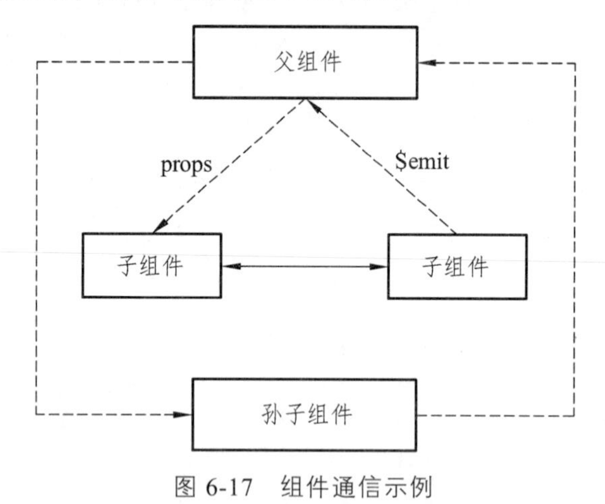

图 6-17 组件通信示例

组件关系可分为父子组件通信、兄弟组件通信、跨级组件通信。

1．自定义事件

当子组件需要向父组件传递数据时，就要用到自定义事件。与 JavaScript 的设计模式——观察者模式类似，Vue 组件也有与之类似的一套模式，子组件用$emit()来触发事件，父组件用$on 来监听子组件的事件。

父组件也可以直接在子组件的自定义标签上使用 v-on 来监听子组件触发的自定义事件。

【示例 6-46】 父子组件间的通信。

```
1. <div id="app">
2.     <p>总数: {{total}}</p>
3.     <my-component @increase="onTotal" @reduce="onTotal"></my-component>
4. </div>
5. <script>
6.     //定义并全局注册组件
7.     Vue.component('my-component',{
8.         data:function(){
9.             return { counter:0 }
10.        } ,
11.        methods:{
12.          onIncrease:function () {
13.              this.counter++;
14.              this.$emit("increase",this.counter);
15.          } ,
16.            onReduce:function () {
17.                this.counter--;
18.                this.$emit("reduce",this.counter);
19.            }
20.        },
21.        template:'<div><button @click="onIncrease">加
    1</button><button @click="onReduce">减 1</button></div>'
22.    });
23.    var app=new Vue({
24.        el:'#app',
25.        data:{
26.            total:0
27.        },
28.        methods:{
29.            onTotal:function (total) {
30.                this.total=total;
31.            }
32.        }
33.    });
34. </script>
```

示例 6-46 中,子组件有两个按钮,分别实现加 1 和减 1 的效果,在改变组件的数据 counter 后，通过$emit()再把它传递给父组件，父组件用@increase 和@reduce 监听。$emit()方法的第一个参数是自定义事件的名称，例如 increase 和 reduce，第二个参数是要传递的数据，可以不填或有多个参数。

上述示例执行后的运行结果如图 6-18 所示。

图 6-18　运行结果

除了用 v-on 在组件上监听自定义事件外，也可以监听 DOM 事件，这时可以用.native 修饰符表示监听的是一个原生事件。示例：

<my-component　@click.native=”handleClick”></my-component>

2．总　线

在实际业务中，除了父子组件通信外，还有很多非父子组件通信的场景，包括兄弟组件和跨多级组件。在 Vue 中，推荐使用一个空的 Vue 实例作为中央事件总线（Bus），也就是一个中介，组件间通过中介完成通信。

【示例 6-47】　使用总线实现组件间的通信。

```
1.  <div id="app">
2.      {{message}}
3.      <component-a></component-a>
4.  </div>
5.  <script>
6.      //定义一个空的 Vue 实例作为总线（中介）
7.      var bus=new Vue();
8.      //定义并全局注册组件
9.      Vue.component('component-a',{
10.         methods:{
11.             handleEvent:function () {
12.                 bus.$emit('on-message','来自组件 component-a 的内容');
13.             }
14.         },
15.         template:'<button @click="handleEvent">传递事件</button>'
```

```
16.     });
17.     var app=new Vue({
18.         el:'#app',
19.         data:{
20.             message:''
21.         },
22.         mounted:function () {
23.             var that=this;
24.             //在实例初始化时，监听来自 bus 实例的事件
25.             bus.$on('on-message',function (msg) {
26.                 that.message=msg;
27.             });
28.         }
29.     });
30. </script>
```

首先创建一个名为 bus 的空 Vue 实例，里面没有任何内容；然后全局定义了组件 component-a；最后创建 Vue 实例 app，在 app 初始化时，也就是在生命周期 mounted 钩子函数里监听了来自 bus 的事件 on-message，而在组件 component-a 中，点击按钮会通过 bus 把事件 on-message 发送出去，此时 app 就会接收到来自 bus 的事件，进而在回调里完成自己的业务逻辑。

这种方法巧妙而轻量地实现了任何组件间的通信，包括父子、兄弟、跨级。如果深入使用，可以扩展 bus 实例，给它添加 data、methods、computed 等选项，这些都是可以公用的，在协同业务中非常有用。但当项目比较大时，可以选择更好的状态管理解决方案 Vuex，后续章节将专门介绍 Vuex 的使用。

除了总线 bus 外，还有两种方法可以实现组件间的通信：父链和子组件索引。

3. 父　链

在子组件中，使用 this.$parent 可以直接访问该组件的父实例或组件，父组件也可以通过 this.$children 访问它所有的子组件，而且可以递归向上或向下无限访问，直到根实例或者最内层的组件。

【示例 6-48】 使用 this.$parent 访问父级组件并修改数据。

```
1. <div id="app">
2.     {{message}}
3.     <component-a></component-a>
4. </div>
5. <script>
6.     Vue.component('component-a',{
7.         methods:{
```

```
8.            handleEvent:function () {
9.                //访问父链后，可以做任何操作，比如直接修改数据
10.               this.$parent.message='来自组件 component-a 的内容';
11.           }
12.       },
13.       template:'<button @click="handleEvent">通过父链直接修改数据
    </button>'
14.   });
15.   var app=new Vue({
16.       el:'#app',
17.       data:{
18.           message:''
19.       }
20.   });
21. </script>
```

尽管 Vue 允许这样操作，但在业务中，子组件应该尽可能地避免依赖父组件的数据，更不应该主动去修改它的数据，因为这样使得父子组件紧耦合，只看父组件，很难理解父组件的状态，因为它可能被任意组件修改，理想情况下，只有组件自己能修改它的状态。父子组件最好还是通过 props 和$emit 来通信。

4．子组件索引

当子组件较多时，通过 this.$children 一一遍历出需要的一个组件实例是比较困难的，尤其是组件动态渲染时，它们的序列不是固定的。Vue 提供了子组件索引的方法，用特殊的属性 ref 来为子组件指定一个索引名称。

【示例 6-49】 为子组件指定 ref 属性，再通过它访问子组件。

```
1. <div id="app">
2.     <button @click="handleRef">通过 ref 获取子组件实例</button>
3.     <component-a ref="comA"></component-a>
4.     <div>消息：{{result}}</div>
5. </div>
6. <script>
7.     Vue.component('component-a',{
8.         data:function () {
9.             return {
10.                message:'子组件内容'
11.            }
12.        },
13.        template:'<div>子组件</div>'
```

```
14.     });
15.     var app=new Vue({
16.         el:'#app',
17.         data:{
18.           result:''
19.         },
20.         methods:{
21.             handleRef:function () {
22.                 //通过$refs 来访问指定的实例
23.                 var msg=this.$refs.comA.message;
24.                 this.result=msg;
25.             }
26.         }
27.     });
28. </script>
```

在父组件模板中，子组件标签上使用 ref 指定一个名称，并在父组件内通过 this.$refs 来访问指定名称的子组件。

提示，$refs 只在组件渲染完成后才填充，并且它是非响应式的，它仅仅作为一个直接访问子组件的应急方案，应当避免在模板或计算属性中使用$refs。

6.5.4 使用 slot 分发内容

插槽（slot）是 Vue 组件的一种机制，它允许以一种不同于严格的父子关系的方式组合组件。插槽提供了一个将内容放置到新位置或使组件更通用的出口。

当需要让组件组合使用，混合父组件的内容与子组件的模板时，就会用到插槽，这个过程叫作内容分发（transclusion）。

注意，在 Vue2.6 中为插槽引入了一个新的统一的语法（即 v-slot 指令）。它取代了之前版本中的 slot 和 slot-scope 语法，本书以新语法 v-slot 进行讲解。

Vue 中的 slot 主要分为：匿名插槽、具名插槽和作用域插槽三种。

匿名插槽（也叫默认插槽）：没有命名，有且只有一个 slot。

具名插槽：允许有多个 slot，并且 slot 标签带 name 属性。

作用域插槽：子组件内数据可以被父页面拿到（解决了数据只能从父页面传递给子组件的问题）。

1．匿名插槽

在一个组件中，只有一个插槽时使用匿名插槽。

【示例 6-50】 匿名插槽的基本使用。

```
1.  <div id="app">
```

```
2.     <component-a>
3.         来自父级的内容
4.     </component-a>
5. </div>
6. <script>
7.     Vue.component('component-a',{
8.         template:'<div><p>子组件内容</p><slot></slot></div>'
9.     });
10.     var app=new Vue({
11.         el:'#app',
12.     });
13. </script>
```

示例 6-50 中，在<component-a></component-a>标签间的内容将插入插槽所在子组件中，替换<slot>元素。这是最基本的方法。上述代码渲染后的运行结果如图 6-19 所示。

图 6-19　运行结果

插槽内可以包含任何模板代码，包括 HTML，甚至是其他的组件。如果子组件中没有包含一个<slot>元素，则该组件标签之间的任何内容都会被抛弃。

有时为一个插槽设置一个默认内容是很有用的，当在父组件中没有给子组件的插槽传入任何内容时就会使用默认内容。

【示例 6-51】　为插槽设置一个默认内容。

```
1. <div id="app">
2.     <component-a></component-a>
3. </div>
4. <script>
5.     Vue.component('component-a',{
6.         template:'<div><p>子组件内容</p><slot>这是插槽的默认内容
   </slot></div>'
7.     });
```

```
8.      var app=new Vue({
9.          el:'#app',
10.     });
11. </script>
```

上述代码为子组件的插槽设置一个默认内容，当在父级中使用子组件且没有给插槽传入任何内容时将显示默认内容。渲染后的运行结果如图 6-20 所示。

图 6-20　运行结果

2．具名插槽

可以向一个组件中添加多个插槽，这种情况下除了其中一个插槽之外，其他所有的插槽都需要设置名称，其中没有名称的插槽就是默认插槽，具有名称的插槽称为具名插槽。

【示例 6-52】　使用具名插槽。

```
1.  <div id="app">
2.      <my-component>
3.          <template v-slot:header>
4.              Vue 是什么
5.          </template>
6.          <p>Vue 是一套用于构建用户界面的渐进式框架。与其它大型框架不同的是，Vue 被
    设计为可以自底向上逐层应用。</p>
7.          <template v-slot:footer>
8.              <span style="font-weight: bold;">@2019 张三</span>
9.          </template>
10.     </my-component>
11. </div>
12. <script>
13.     Vue.component('my-component',{
14.         template:'' +
15.             '<div>' +
16.             '<h2><slot name="header">我的标题</slot></h2>' +
17.             '<slot>这是默认内容</slot>' +
```

```
18.             '<p><slot name="footer">版本信息</slot></p>' +
19.             '</div>'
20.     });
21.     var app=new Vue({
22.         el:'#app',
23.     });
24. </script>
```

上述代码中，子组件 my-component 中定义了三个插槽，其中包括两个具名插槽 header 与 footer，另一个是默认插槽，它不带名称但它有一个隐含的名字为 default。在向具名插槽提供内容的时候，可以在一个<template>元素上使用 v-slot 指令，并以 v-slot 的参数的形式提供其名称。而没有任何被<template>包裹的内容都会被视为默认插槽的内容。如果希望更明确地指定默认插槽的内容，仍然可以在一个<template>中包裹默认插槽的内容，其格式为：

<template   v-slot:default ></template>

注意，v-slot 只能添加在<template>上。

3．编译作用域

在介绍作用域插槽之前先介绍一个概念：编译作用域。

【示例 6-53】 title 和 URL 的作用域。

```
1. <div id="app">
2.     <my-component>
3.         标题：{{title}}
4.         地址：{{url}}
5.     </my-component>
6. </div>
7. <script>
8.     Vue.component('my-component',{
9.         data:function () {
10.            return {
11.                url:'https://www.baidu.com/'
12.            }
13.        },
14.        template:'<div><slot>这是默认内容</slot></div>'
15.    });
16.    var app=new Vue({
17.        el:'#app',
18.        data:{
19.            title:'百度链接'
20.        }
21.    });
22. </script>
```

上述代码中的 title 是父组件的数据，URL 是子组件的数据。在该插槽跟模板的其他地方可以访问 title（因为在父级作用域中编译），而不能访问 URL（因为是在子作用域中编译）。总之，在 Vue 中，父级模板里的所有内容都是在父级作用域中编译的；子模板里的所有内容都是在子作用域中编译的。

4．作用域插槽

有时候让插槽内容能够访问子组件中的数据是很有用的。为了让插槽中能访问子组件中的数据，可以在子组件中将数据作为<slot>元素的特性绑定，称为插槽 prop，然后在父级作用域中，可以给 v-slot 带一个值来定义子组件中提供的插槽 prop。

【示例 6-54】 作用域插槽的使用。

```
1. <div id="app">
2.   <my-component>
3.       <template v-slot:default="slotProps">
4.           标题：{{title}} <br>
5.           地址：{{slotProps.url}}
6.       </template>
7.   </my-component>
8. </div>
9. <script>
10.  Vue.component('my-component',{
11.      data:function () {
12.          return {
13.              url:'https://www.baidu.com/'
14.          }
15.      },
16.      template:'<div><slot v-bind:url="url">这是默认内容</slot></div>'
17.  });
18.  var app=new Vue({
19.      el:'#app',
20.      data:{
21.          title:'百度链接'
22.      }
23.  });
24. </script>
```

上述代码中，子组件有一个名为 URL 的数据，通过插槽 prop 传递给插槽并指定一个名称 slotProps，然后在插槽中通过 slotProp.URL 访问子组件中的数据。渲染后的运行结果如图 6-21 所示。

这里有几点需要注意：

（1）我们指定了 default 的名称，但是不需要为默认插槽指定名称。相反，我们可以使用 v-slot="slotProps"。

图 6-21 运行结果

（2）如果只使用默认插槽，可以跳过内部 template 标记，直接将 v-slot 指令放到当前 my-component 上。

（3）可以使用对象解构来创建对作用域插槽数据的直接引用，而不是使用单个变量名。换句话说，可以使用 v-slot="{URL}"代替 v-slot="slotProps"，然后可以直接使用 URL 而不是 slotProps.URL。

（4）可以使用 v-bind 指令绑定多个值。

（5）也可以将函数传递到作用域插槽。

【示例 6-55】 下面代码示例是对上面的例子进行重写。

```
1.  <div id="app">
2.    <my-component v-slot="{url}">
3.      标题：{{title}} <br>
4.      地址：{{url}}
5.    </my-component>
6.  </div>
7.  <script>
8.    Vue.component('my-component', {
9.      data: function () {
10.       return {
11.         url: 'https://www.baidu.com/'
12.       }
13.     },
14.     template: '<div><slot v-bind:url="url">这是默认内容</slot></div>'
15.   });
16.   var app = new Vue({
17.     el: '#app',
18.     data: {
```

```
19.         title: '百度链接'
20.     }
21.   });
22. </script>
```

5．具名插槽的缩写

在 Vue 中，跟 v-on 和 v-bind 一样，v-slot 也有缩写，也称语法糖，即把参数之前的所有内容（v-slot:）替换为字符“#”，例如 v-slot:header 可以缩写为#header。和其他指令一样，该缩写只在其有参数的时候才能使用。

【示例 6-56】 使用 v-slot 的语法糖#。

```
1.  //只在 v-slot 有参数时才可用，否则下面的语法是无效的
2.  <my-component #="{url}">
3.      {{url}}
4.  </my-component>
5.
6.  //下面的语法是有效的
7.  <my-component #default="{url}">
8.      {{url}}
9.  </my-component>
```

6.5.5 组件高级用法

这里介绍组件的一些高级用法，这些用法在实际业务中不是很常用，但在独立组件开发时可能会用到。

1．递归组件

组件在其模板内可以递归地调用自己，只要给组件设置 name 选项即可。

【示例 6-57】 组件的递归调用。

```
1.  <div id="app">
2.      <my-component  :count="1"></my-component>
3.  </div>
4.  <script>
5.      Vue.component('my-component',{
6.          name:'my-component',
7.          props:{
8.              count:{
9.                  type:Number,
10.                 default:1
11.             }
```

```
12.         },
13.         template:'<div><my-component :count="count+1" v-if="count<3"></my-
    component></div>'
14.     });
15.     var app=new Vue({
16.         el:'#app'
17.     });
18. </script>
```

设置 name 后，在组件模板内就可以递归使用了，不过需要注意的是，必须给一个条件来限制递归次数，否则会抛出错误：max stack size exceeded。

组件递归使用可以用来开发一些具有未知层次关系的独立组件，如级联选择器和树形控制等。

2．内联模板

组件的模板一般都是在 template 选项内定义的，Vue 提供了一个内联模板的功能，在使用组件时，给组件标签使用 inline-template 特性，组件就会把它的内容当作模板，而不是把它当内容分发，这让模板更灵活。

【示例 6-58】 使用内联模板。

```
1.  <div id="app">
2.      <my-component inline-template>
3.          <div>
4.              <h2>在父组件中定义子组件的模板</h2>
5.              <p>{{message}}</p>
6.          </div>
7.      </my-component>
8.  </div>
9.  <script>
10.     Vue.component('my-component',{
11.         data:function () {
12.             return {
13.                 message:'在子组件声明的数据'
14.             }
15.         }
16.     });
17.     var app=new Vue({
18.         el:'#app'
19.     });
20. </script>
```

渲染后的运行结果如图 6-22 所示。

使用内联模板后的作用域比较难理解，如果不是非常特殊的场景，建议不要轻易使用内联模板。

图 6-22　运行结果

3．动态组件

Vue 提供了一个特殊的元素<component>用来动态地挂载不同的组件，使用 is 特性来选择要挂载的组件。

【示例 6-59】　动态加载组件。

```
1. <div id="app">
2.     <component :is="currentView"></component>
3. </div>
4. <script>
5. 
6.     var homeView={
7.         template:'<p>Welcome home!</p>'
8.     };
9. 
10.    var app=new Vue({
11.        el:'#app',
12.        data:{
13.            currentView:homeView
14.        }
15.    });
16. </script>
```

4．异步组件

当工程项目足够大，使用组件足够多时，就需要考虑性能问题了，延后加载组件是很有必要的。Vue 允许将组件定义为一个工厂函数，动态地解析组件。Vue 只在组件需要渲染时触发工厂函数，并且把结果缓存起来，用于后面的再次渲染。

【示例 6-60】 使用工厂函数异步加载组件。

```
1. <div id="app">
2.     <my-component ></my-component>
3. </div>
4. <script>
5.     Vue.component('my-component',function (resolve,reject) {
6.         window.setTimeout(function () {
7.             resolve({
8.                 template:'<div>我是异步渲染的组件</div>'
9.             })
10.        },2000);
11.    });
12.    var app=new Vue({
13.        el:'#app'
14.    });
15. </script>
```

工厂函数接收一个 resolve 回调，在收到从服务器下载的组件定义时调用，也可以调用 reject 指示加载失败。上述代码中使用 setTimeout()演示了异步。

6.6 本章小结

本章首先介绍了 MVVM 模式，进而引入 Vue 的开发模式和 Vue 开发实例，然后详细介绍了 Vue 的语法、Vue 选项、Vue 组件相关的知识点。Vue 框架是当前比较流行、比较受欢迎的快速 Web 开发技术，通过本章的学习，能够理解与掌握 Vue 技术的优势。本章的重点是 Vue 的语法、Vue 选项和 Vue 组件，要求熟练掌握相关知识。

第 7 章 Vue 进阶

7.1 NPM 和 Vue CLI

7.1.1 Node.js 和 NPM

Node.js 是一个基于 Chrome V8 引擎的 JavaScript 运行环境。Node.js 使用了一个事件驱动、非阻塞式 I/O 的模型，既轻量又高效。

从官网下载并安装 Node.js，官方提供了适用不同操作系统的安装包，可根据自己的需要选择下载安装，具体下载页面如图 7-1 所示。

图 7-1　下载页面

Node.js 安装完成之后，可在命令行窗口中输入“node -v”进行验证是否安装成功，如果输出为 Node.js 版本信息，则说明 Node.js 已经安装成功，如图 7-2 所示。

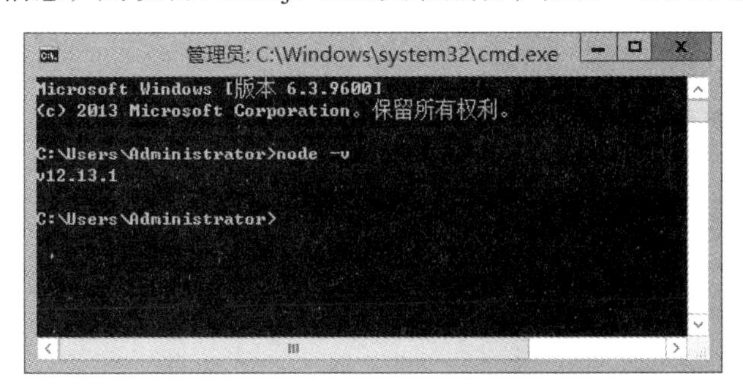

图 7-2　node.js 版本显示

NPM 是 Node.js 的包管理器（Node Package Manager），是全球最大的开源库生态系统之一。它集成在 Node.js 中，在安装 Node.js 的时候就已经自带了 NPM。验证 NPM 是否安装成功，可在命令行窗口中输入“npm -v”进行验证，如果输出的是 NPM 的版本信息，说明 NPM 已经安装成功，如图 7-3 所示。

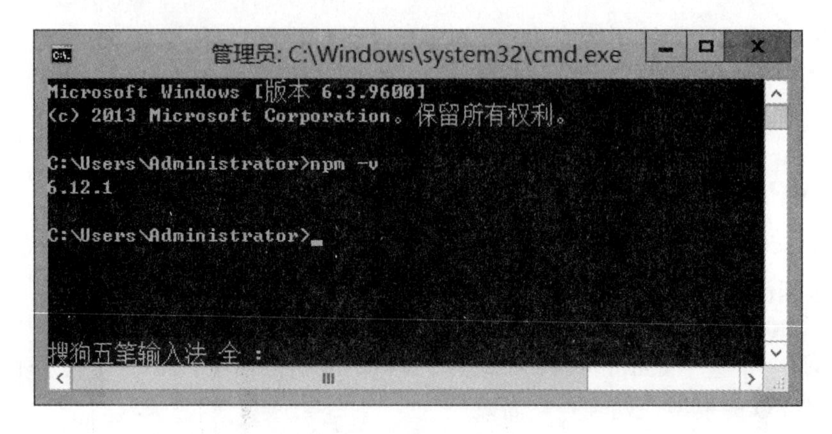

图 7-3　NPM 版本显示

NPM 安装成功之后，就可以使用它安装依赖包了。下面是 NPM 常用的命令：

```
1.  npm install <Module Name> -g //安装模块，-g 表示是全局安装
2.  npm install <Module Name>    //安装模块，本地安装
3.  npm list <Module Name>       //查看模块的版本号
4.  npm uninstall <Module Name>  //卸载模块
5.  npm update <Module Name>     //更新模块
```

全局安装是将模块下载并安装到“C:\Users\用户名\AppData\Roaming\”目录下，可以在任意一个文件夹下使用模块。本地安装就是将模块下载并安装到当前命令行所在目录下，只有在当前目录下才可以使用。

7.1.2　安装 Vue CLI

Vue CLI（Vue 命令行接口）是一个全局安装的 NPM 包，是一个专门为单页面应用快速搭建繁杂的脚手架。它可以轻松地创建新的应用程序而且可用于自动生成 vue 和 webpack 的项目模板。

Vue CLI 是用 Node.js 编写的命令行工具，需要进行全局安装。本书中使用 Vue CLI 4 搭建 Vue 项目，所以需要安装 Vue CLI 4。Vue CLI 4 的包名称由旧版本的 vue-cli 改成了 @vue/cli，并且需要 Node.js 8.9 或更高版本（推荐 8.11.0+）。在命令行窗口中输入“npm install @vue/cli -g”进行全局安装，安装完成后可使用“vue --version”查看 Vue CLI 的版本信息，如图 7-4 所示。

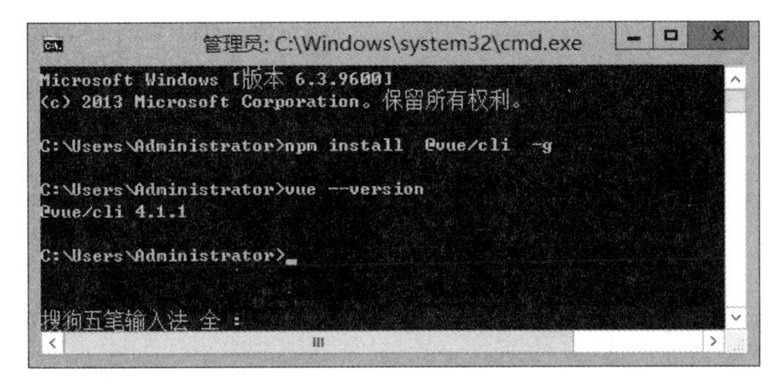

图 7-4　Vue CLI 版本显示

Vue CLI 安装完成后，就可以使用它快速搭建单页面应用。

7.1.3　创建 Vue 项目

1．创建项目

在命令行窗口中进入要新建项目的目录(比如 : D:\web.site\book.code), 再输入“vue create project-one” 命令进行创建项目，如图 7-5 所示。

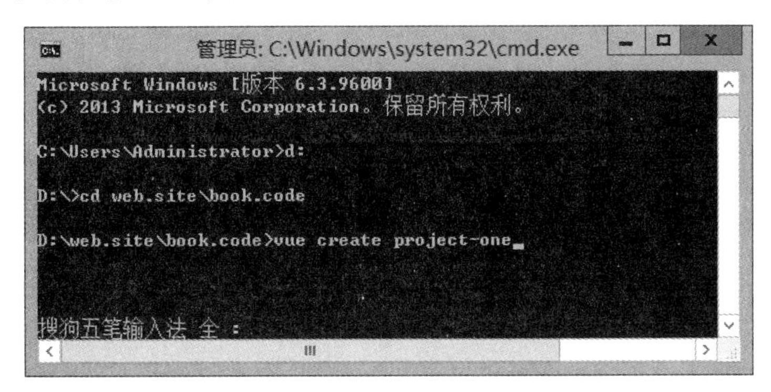

图 7-5　执行命令

2．选择配置

新建 Vue 项目初始时有两个选项, 分别是“default(默认配置)”和“Manually select features (手动配置)”，通过上下键进行选择，选择 “default (babel,eslint)” 并回车，如图 7-6 所示。

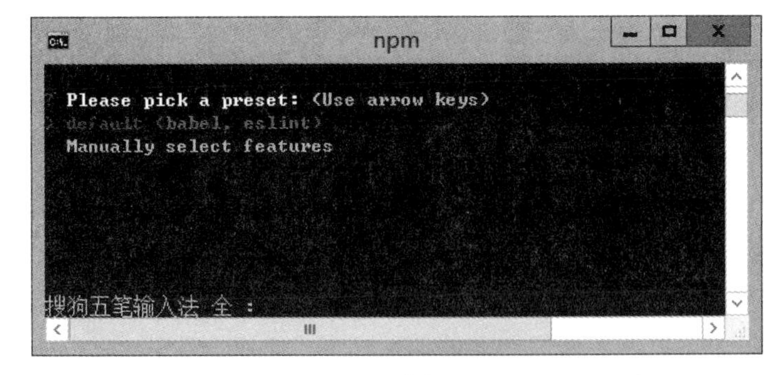

图 7-6　选择配置

3．完成项目

经过上面的步骤，项目基本的模板框架和依赖模块已经搭建起来了，下面启动项目。首先进入项目目录，使用命令“cd project-one”，再运行“npm run serve”命令可启动项目，如图 7-7 所示。

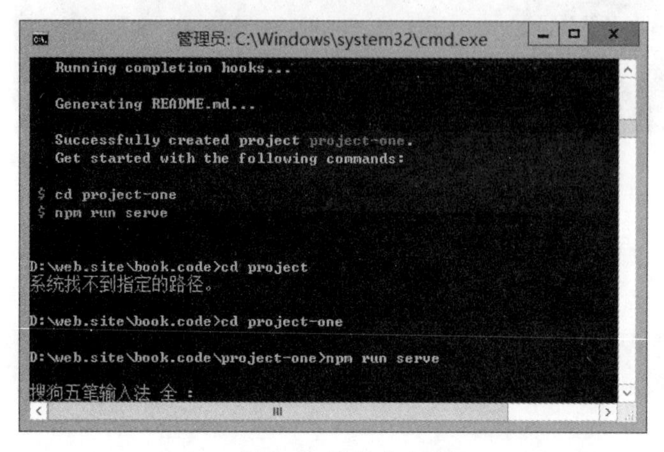

图 7-7　执行命令

上面执行的命令“npm run serve”表示启动一个开发服务器并附带开箱即使用的是热重载（Hot-Module-Replacement）模块。

4．访问项目

项目启动完成后在浏览器中打开地址“http://127.0.0.1:8080/”，可浏览 Vue 项目，如图 7-8 所示。

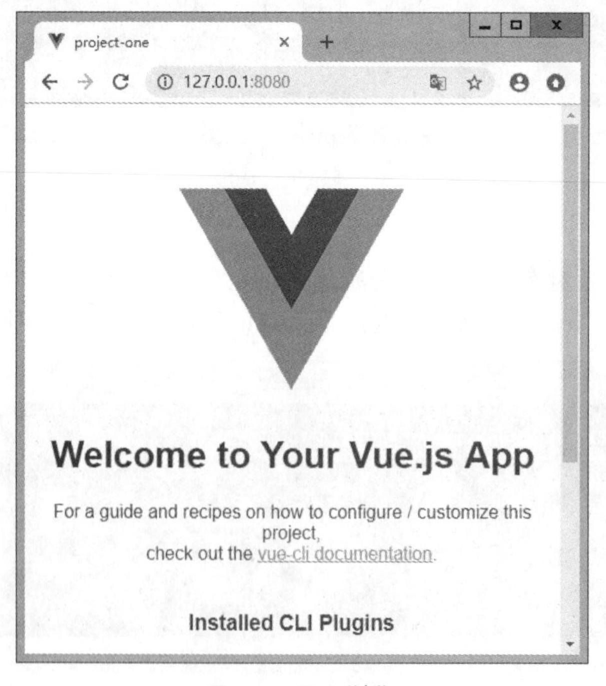

图 7-8　页面浏览

以上便是使用 Vue CLI 快速创建的 Vue 项目。

5．项目目录结构

通过 Vue CLI 快速创建的 Vue 项目的目录结构如图 7-9 所示。

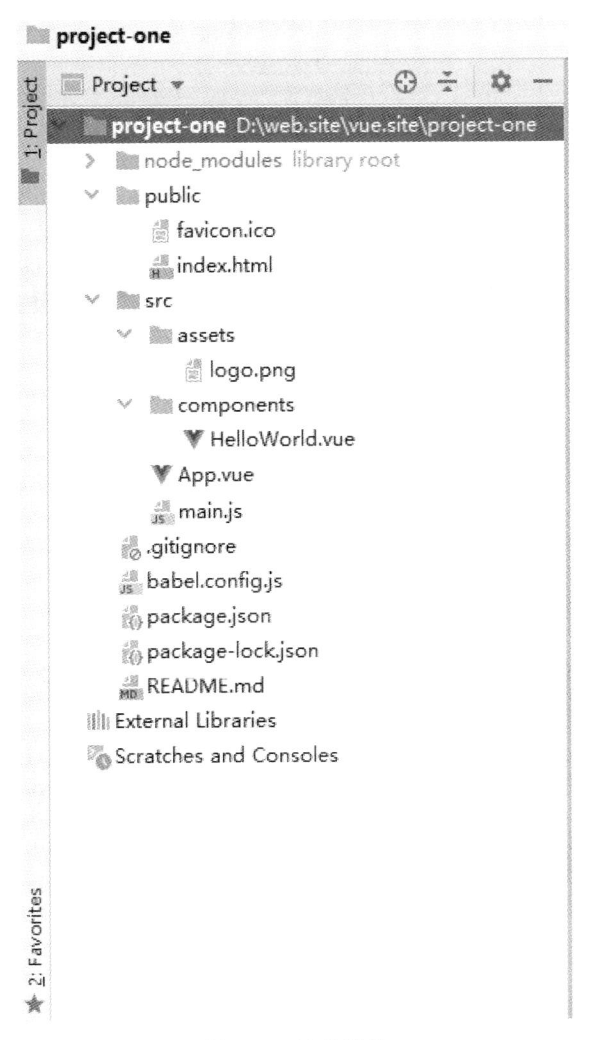

图 7-9　目录结构

Vue 项目的目录结构的说明：

src：主开发目录，要开发的单文件组件全部在这个目录下的 components 目录下。

static：静态资源目录，所有的 CSS、JS 文件放在这个文件夹中。

dist：项目打包发布文件夹，最后要上线的单文件项目文件都在这个文件夹中（后面打包项目，让项目中的 vue 组件经过编译变成 js 代码以后，dist 就出现了）。

node_modules：是 node 的包目录。

config：是配置目录。

build：是项目打包时依赖的目录。

src/router 路由：后面需要在使用 Router 路由时自己声明。

6．项目执行流程

Vue 项目的执行流程如图 7-10 所示。

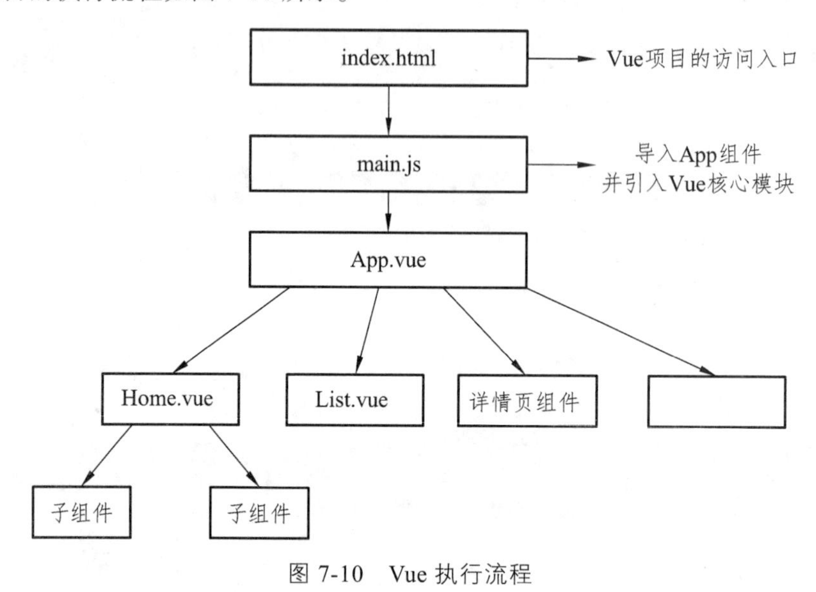

图 7-10　Vue 执行流程

7.2　webpack

7.2.1　webpack 简介

近年来 Web 应用变得更加复杂与庞大，Web 前端技术的应用范围也更加广泛。从复杂庞大的管理后台到对性能要求苛刻的移动网页，再到类似 ReactNative 的原生应用开发方案，Web 前端工程师在面临更多机遇的同时也会面临更大的挑战。通过直接编写 JavaScript、CSS、HTML 开发 Web 应用的方式已经无法应对当前 Web 应用的发展。

模块化是指把一个复杂的系统分解到多个模块以方便编码。当项目变大时这种方式将变得难以维护，需要用模块化的思想来组织代码。

webpack 是一个现代 JavaScript 应用程序的静态模块打包器（module bundler）。当 webpack 处理应用程序时，它会递归地构建一个依赖关系图（dependency graph），其中包含应用程序需要的每个模块，然后将所有这些模块打包成一个或多个 bundle。webpack 模块化示意图如图 7-11 所示。

左边是在业务中写的各种格式的文件，如 typescript、sass、jpg 等。这些格式的文件通过特定的加载器（Loader）编译后，最终统生成为.js、.css、.jpg、.png 等静态资源文件。在 webpack 的世界里，一张图片、一个 css 甚至一个字体彼此存在依赖关系，webpack 就是来处理模块间的依赖关系的，并把它们进行打包。

webpack 的两大特点：一是项目模块化，二是打包项目。

webpack 的主要作用：

（1）将 sass/less 等预编译的 CSS 语言转换成浏览器能识别的 CSS 文件。

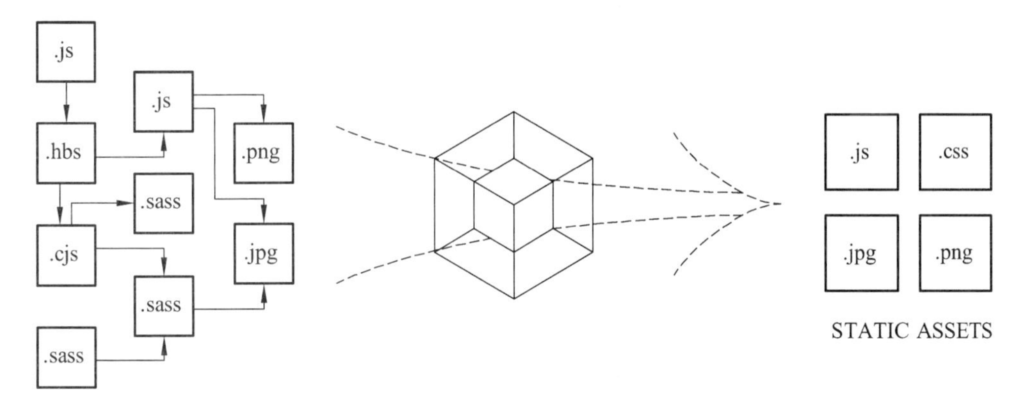

图 7-11　模块化示意图

（2）能够将多个预编译文件打包成一个文件。

（3）打包 image、styles、assets、script 等前端常用的文件。

（4）搭建开发环境开启服务器。

（5）监视文件改动，热部署。

（6）将单文件组件（*.vue）类型的文件，转化成浏览器能识别的 JavaScript。

在开始讲解 webpack 的用法前，先介绍两个 ES6 中的语法 export 和 import。

Export：用于对外输出本模块（一个文件可以视为一个模块）变量的接口。

Import：用于在一个模块中加载另一个含有 export 接口的模块。

在 ES6 中通过 export 输出变量、函数、文件、模块等，使用 import 导入，在一个文件或模块当中可以有多个 export，但只能有一个 export default。

【示例 7-1】　export 和 import 的简单使用方法。

```
1.  ///////////////////////////////////////////////
2.  //export 变量
3.  // ./module/example.js
4.  export var firstName = 'roger';
5.  export const lastName = 'waters';
6.  export let dob = 1944;
7.
8.  // index.js
9.  import  {firstName, lastName, dob} from './module/example.js';
10.
11. ///////////////////////////////////////////////
12. //export 方法
13. // ./module/example.js
14. function multiply(a, b) {
15.     return a * b;
16. }
```

```
17. export { multiply };
18.
19. //index.js
20. import  {multiply} from './module/example.js';
21.
22. ///////////////////////////////////////////////
23. //export default(默认)
24. //./module/example.js
25. export  default  function(a, b) {
26.     return a + b;
27. }
28.
29. //index.js
30. import  sum  from './module/example.js';
```

模块导出后，在需要使用模块的文件中使用 import 再导入模块，就可以在这个文件内使用这些模块了。export 和 import 的其他用法，这里不做详细介绍，可以查阅相关资料进一步学习。

7.2.2 webpack 概念

1．入口（entry）

入口起点（entry point）表示 webpack 应该使用哪个模块作为构建其内部依赖图的开始。进入入口起点后，webpack 会找出有哪些模块和库是入口起点（直接和间接）依赖的。每个依赖项随即被打包处理，最后输出到打包的文件中。

可以通过在 webpack 配置文件中配置 entry 属性，来指定一个入口起点（或多个入口起点）。

【示例 7-2】 webpack 配置中 entry 属性的设置。

```
1.  module.exports = {
2.    entry: './src/index.js'
3.  };
```

上述示例代码中指定打包入口文件为“./src/index.js”。

2．输出（output）

输出（output）告诉 webpack 在哪里输出它所创建的打包文件，以及如何命名这些文件，默认值输出目录为“./dist”。基本上，整个应用程序结构，都会被编译到指定的输出路径的文件夹中。可以通过在配置中指定一个 output 字段，来配置这些处理过程。

【示例 7-3】 webpack 配置中 output 属性的设置。

```
1.  module.exports = {
```

```
2.      entry: './src/index.js',
3.      output: {
4.          path: path.resolve(__dirname, 'dist'),
5.          filename: 'bundle.js'
6.      }
7.  };
```

上述示例代码中，通过 output.filename 和 output.path 属性，来告诉 webpack 打包后的名称以及打包的位置信息，打包后的输出文件为“./dist/bundle.js”。

3．转换（loader）

loader 让 webpack 能够去处理那些非 JavaScript 文件（webpack 自身只理解 JavaScript）。loader 可以将所有类型的文件转换为 webpack 能够处理的有效模块，然后就可以利用 webpack 的打包能力对它们进行处理。

在 webpack 的配置中 loader 有两个属性：

test：用于标识出应该被对应的 loader 进行转换的某个或某些文件。

use：表示进行转换时，应该使用哪个 loader。

【示例 7-4】 webpack 配置中 loader 属性的设置。

```
1.  module.exports = {
2.      ...
3.      module: {
4.          rules: [{
5.              test: /\.txt$/,
6.              use: 'raw-loader'
7.          }]
8.      }
9.  };
```

上述代码示例中，对一个单独的 module 对象定义了 rules 属性，包含两个必需属性：test 和 use。它表示当在打包过程中遇到“require/import 语句中被解析为.txt 的文件”时，在打包之前先使用 raw-loader 进行处理。

4．插件（plugins）

loader 被用于转换某些类型的模块，而插件则可以用于执行范围更广的任务。插件的范围包括从打包优化和压缩一直到重新定义环境中的变量。插件可以用来处理各种各样的任务。

【示例 7-5】 webpack 配置中 plugins 属性的设置。

```
1.  const HtmlWebpackPlugin = require('html-webpack-plugin');
2.
3.  module.exports = {
4.      ...
```

```
5.     plugins: [
6.         new HtmlWebpackPlugin({template: './src/index.html'})
7.     ]
8. };
```

想要使用一个插件，只需要 require 引入它，然后把它添加到 plugins 数组中。多数插件可以通过选项(option)自定义，也可以在一个配置文件中因为不同目的而多次使用同一个插件，这时需要通过使用 new 操作符来创建它的一个实例。

5．模式（mode）

通过选择 development（开发模式）或 production（生产模式）之中的一个来设置 mode 参数。

【示例 7-6】 webpack 配置中 mode 属性的设置。

```
1. module.exports = {
2.   mode: 'production'
3. };
```

上述示例中配置模式为生产模式（production），在打包时进行优化处理。

6．热替换

热替换（HMR，Hot Module Replacement）功能会在应用程序运行过程中替换、添加或删除模块，而无须重新加载整个页面。它主要是通过以下几种方式来显著加快开发速度：

（1）保留在完全重新加载页面时丢失的应用程序状态。

（2）只更新变更内容，以节省宝贵的开发时间。

（3）调整样式更加快速——几乎相当于在浏览器调试器中更改样式。

7.2.3 webpack 基础配置

1．安装 webpack

webpack 的安装需要 Node.js 和 NPM 环境。在确保已经安装了 NPM 的情况下，在命令行窗口中进入新建项目的文件目录，并执行下面命令进行安装 webpack。

【示例 7-7】 安装 webpack 的命令。

```
1. #初始化 npm，-y 表示在 init 的时候生成的默认的 package.json
2. npm init -y
3. #本地安装 webpack
4. npm install webpack --save-dev
5. #使用 webpack 4+ 版本，还需要安装 webpack-cli
6. npm install webpack-cli --save-dev
7. #本地安装 开发服务器环境
8. npm install webpack-dev-server --save-dev
```

命令执行过程如图 7-12 所示。

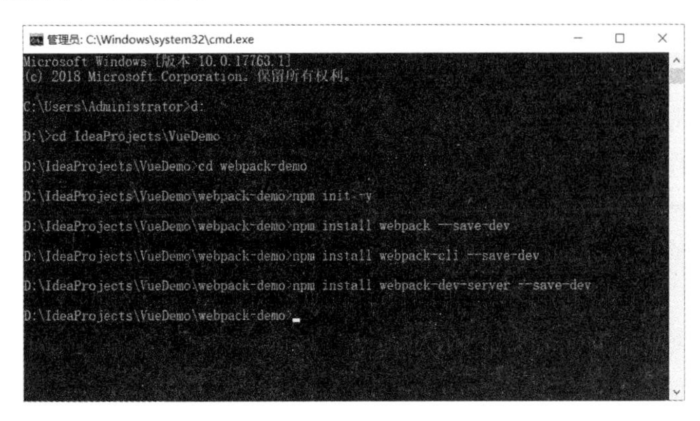

图 7-12　执行命令

第一条命令（npm init）表示初始化项目配置文件 package.json，如果想默认生成默认配置可使用“ -y”选项。

第二条命令（npm install webpack--save-dev）表示在本地局部安装 webpack，--save-dev 选项是表示作为本地局部安装 webpack。

第三条命令（npm install webpack-cli--save-dev）表示在本地局部安装 webpack-cli。webpack4+模块把一些功能分到了 webpack-cli 模块中。

上面的命令执行成功后，在项目文件夹下会生成一个 package.json 文件，它就是 webpack 的配置文件。

下面通过一个案例来展示 webpack 的使用过程。

在项目目录中新建两个文件夹，分别为 src 和 dist，并新建三个文件：index.html、hello.js、index.js。新建后项目目录及文件结构如图 7-13 所示。

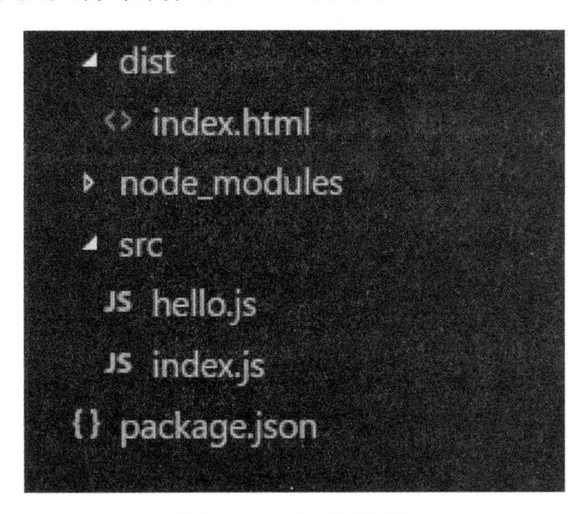

图 7-13　目录结构

【示例 7-8】　以下是 index.html 代码，它的作用是引入打包后的 js 文件。

```
1.  <!DOCTYPE html>
2.  <html lang="en">
3.  <head>
```

```
4.      <meta charset="UTF-8">
5.      <title>Webpack 项目</title>
6.  </head>
7.  <body>
8.      <div id='root'></div>
9.      <!--这是打包之后的 js 文件，我们暂时命名为 bundle.js-->
10.     <script src="bundle.js"></script>
11. </body>
12. </html>
```

【示例 7-9】 以下是 hello.js 代码，它的功能是导出一个模块。

```
1. // hello.js
2. module.exports = function() {
3.     let hello = document.createElement('div');
4.     hello.innerHTML = "你好，很久不见。";
5.     return hello;
6.   };
```

【示例 7-10】 以下是 index.js 代码，它的功能是引用上面的 hello.js 模块。

```
1. //index.js
2. //引入模块
3. const hello = require('./hello.js');
4. document.querySelector("#root").appendChild(hello());
```

把 hello.js 模块合并到 index.js 中，之后打包时只需要把 index.js 打包然后供 index.html 引用即可，这就是最简单的 webpack 打包原理。

下面开始进行 webpack 打包，在命令行窗口中使用以下命令进行打包操作。

```
1. // webpack 全局安装的情况下使用下面的命令进行打包
2. webpack src/index.js --output dist/bundle.js
```

打包过程如图 7-14 所示。

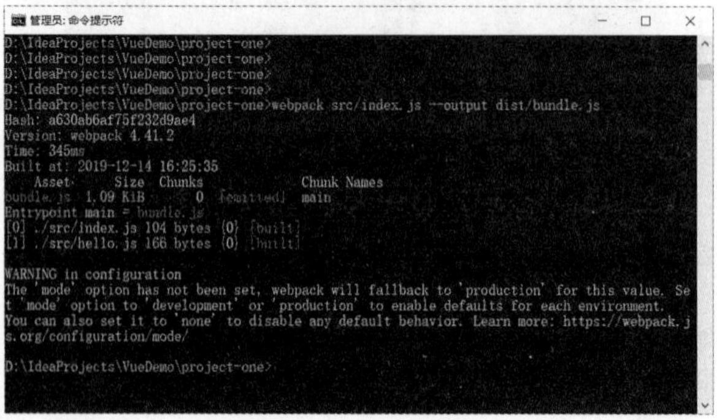

图 7-14 打包过程

上述打包过程就是 webpack 编译了 index.js 和 hello.js 并生成 bundle.js 文件的过程。打包成功后就可以直接打开 index.html 进行浏览，结果如图 7-15 所示。

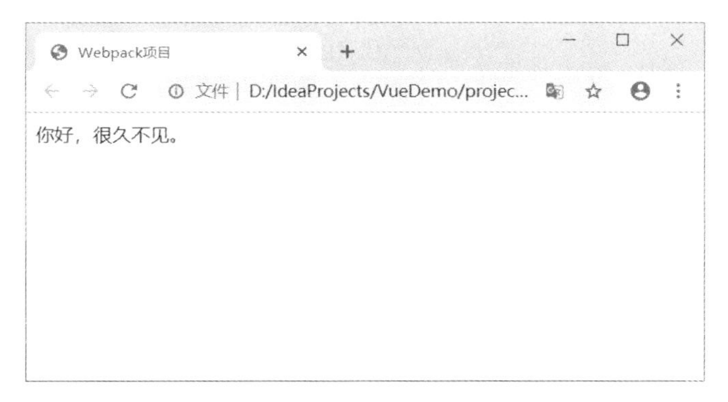

图 7-15　页面浏览

打包时，如果每次都需要在命令行窗口中输入这么长的命令，使用起来会很不方便。

2. 智能打包

webpack 支持通过配置文件的方式来进行打包。在当前项目的根目录下新建一个配置文件 webpack.config.js，在配置文件中进行入口（entry）配置（相当于 index.js，从它开始打包）和出口（output）配置（相当于打包生成的 bundle.js）。

【示例 7-11】　webpack.config.js 配置文件的内容。

```
1.  // webpack.config.js
2.  module.exports = {
3.      entry: __dirname + "/src/index.js", // 入口文件
4.      output: {
5.          path: __dirname + "/dist", //打包后的文件存放的地方
6.          filename: "bundle.js" //打包后输出文件的文件名
7.      }
8.  }
```

有了这个配置文件，只需在命令行窗口中执行“webpack”命令就可进行打包，这条命令会自动引用 webpack.config.js 文件中的配置选项，并完成打包过程，如图 7-16 所示。

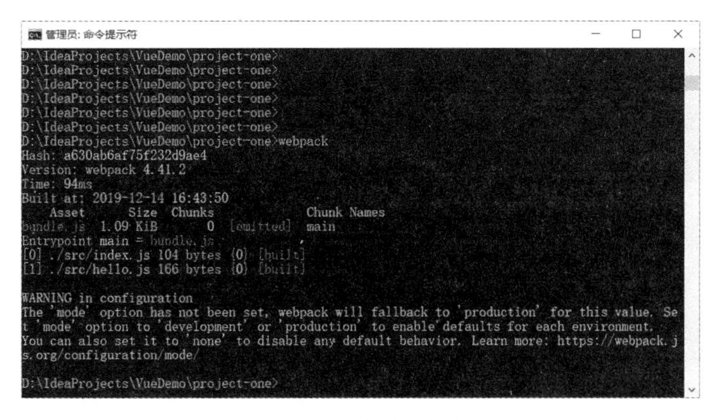

图 7-16　打包过程

在项目文件夹中，package.json 文件定义了这个项目所需要的各种模块，以及项目的配置信息（如名称、版本、许可证等元数据）。通过对 package.json 文件进行设置可以完成更智能的打包方式。

【示例 7-12】 在 package.json 配置文件中修改 scripts 选项。

```
1. {
2.   "name": "project-one",
3.   "version": "1.0.0",
4.   "description": "",
5.   "main": "index.js",
6.   "scripts": {
7.     "dev": "webpack"
8.   },
9.   "author": "",
10.  "license": "ISC",
11.  "devDependencies": {
12.    "webpack": "^4.41.2"
13.  }
14. }
```

package.json 中的 script 会按照设置的命令名称来执行对应的命令，如示例 7-12 中通过修改 package.json 文件中的 script 选项，就可以直接执行“npm run dev”命令来进行打包操作。打包过程如图 7-17 所示。

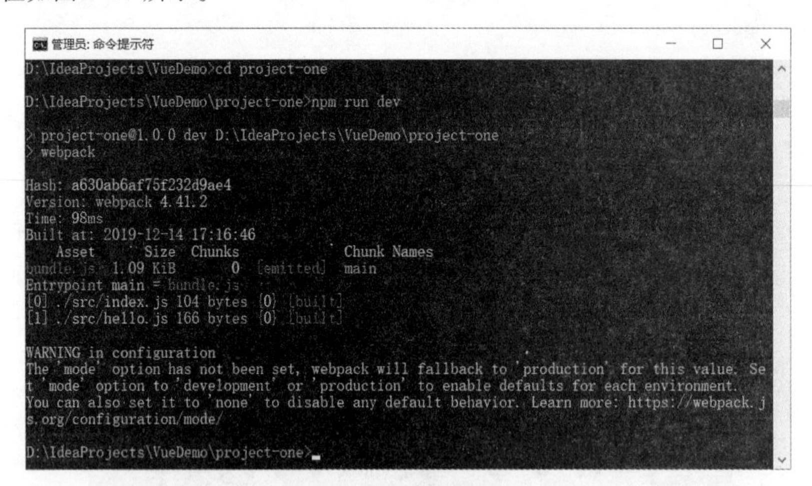

图 7-17　打包过程

3．本地服务器

webpack 提供了一个可选的本地开发服务器，这个本地服务器基于 node.js 构建，它是一个单独的组件，在 webpack 中进行配置之前需要单独安装它，在项目目录下的命令行窗口中执行安装命令为“npm install webpack-dev-server --save-dev”。安装完成后就在 webpack.

config.js 配置文件中对 devServer 选项进行配置即可，最后修改项目 package.json 配置文件来修改启动命令。

【示例 7-13】 webpack.config.js 文件中 devServer 选项的配置。

```
1. // webpack.config.js
2. module.exports = {
3.     entry: __dirname + "/src/index.js", // 入口文件
4.     output: {
5.         path: __dirname + "/dist", //打包后的文件存放的地方
6.         filename: "bundle.js" //打包后输出文件的文件名
7.     },
8.     devServer: {
9.         contentBase: "./dist", // 本地服务器所加载文件的目录
10.        port: "8088",   // 设置端口号为8088
11.        inline: true, // 文件修改后实时刷新
12.        historyApiFallback: true, //不跳转
13.    }
14. }
```

【示例 7-14】 package.json 文件中修改 scripts 启动命令。

```
1. {
2.   "name": "project-one",
3.   "version": "1.0.0",
4.   "description": "",
5.   "main": "index.js",
6.   "scripts": {
7.     "build": "webpack",
8.     "dev": "webpack-dev-server --open"
9.   },
10.  "author": "",
11.  "license": "ISC",
12.  "devDependencies": {
13.    "webpack": "^4.41.2",
14.    "webpack-dev-server": "^3.9.0"
15.  }
16. }
```

在上述示例中，将 scripts 选项修改为 build 和 dev，分别表示编译打包和运行本地服务器。其中“webpack”命令只是完成打包功能，而“webpack-dev-server --open”就是启动本地服务器的命令，后面的“--open”选项是用于启动服务器后自动打开浏览器。这时候自定义命

令方式的便捷性就体现出来了，可以将多个命令集成在一起运行，即我们定义了一个“dev”命令名称就可以同时运行“webpack-dev-server --open”命令，现在在项目目录下的命令行窗口执行“npm run dev”就可以运行服务器并自动打开页面，运行结果如图 7-18 所示。

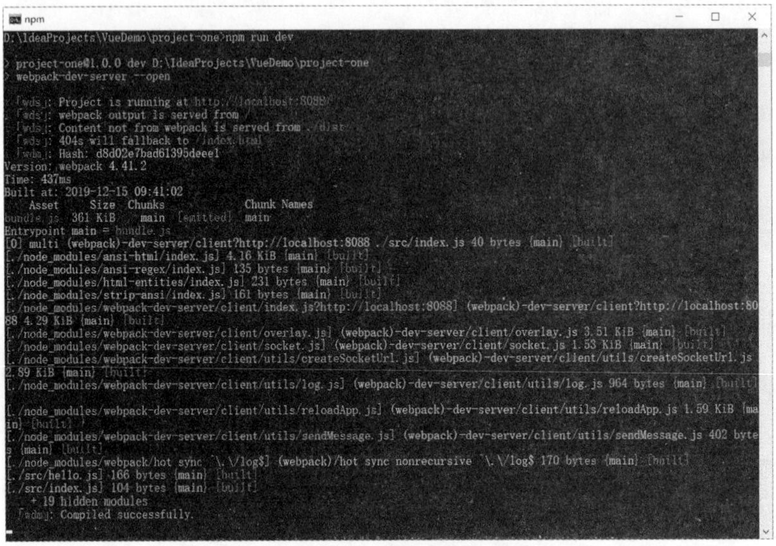

```
npm
D:\IdeaProjects\VueDemo\project-one>npm run dev

> project-one@1.0.0 dev D:\IdeaProjects\VueDemo\project-one
> webpack-dev-server --open

 [wds]: Project is running at http://localhost:8088/
 [wds]: webpack output is served from /
 [wds]: Content not from webpack is served from ./dist
 [wds]: 404s will fallback to /index.html
 [wdm]: Hash: d8d02e7bad61395deee1
Version: webpack 4.41.2
Time: 437ms
Built at: 2019-12-15 09:41:02
    Asset      Size  Chunks             Chunk Names
bundle.js  361 KiB    main  [emitted]  main
Entrypoint main = bundle.js
[0] multi (webpack)-dev-server/client?http://localhost:8088 ./src/index.js 40 bytes {main} [built]
[./node_modules/ansi-html/index.js] 4.16 KiB {main} [built]
[./node_modules/ansi-regex/index.js] 135 bytes {main} [built]
[./node_modules/html-entities/index.js] 231 bytes {main} [built]
[./node_modules/strip-ansi/index.js] 161 bytes {main} [built]
[./node_modules/webpack-dev-server/client/index.js?http://localhost:8088] (webpack)-dev-server/client?http://localhost:80
88 4.29 KiB {main} [built]
[./node_modules/webpack-dev-server/client/overlay.js] (webpack)-dev-server/client/overlay.js 3.51 KiB {main} [built]
[./node_modules/webpack-dev-server/client/socket.js] (webpack)-dev-server/client/socket.js 1.53 KiB {main} [built]
[./node_modules/webpack-dev-server/client/utils/createSocketUrl.js] (webpack)-dev-server/client/utils/createSocketUrl.js
2.89 KiB {main} [built]
[./node_modules/webpack-dev-server/client/utils/log.js] (webpack)-dev-server/client/utils/log.js 964 bytes {main} [built]

[./node_modules/webpack-dev-server/client/utils/reloadApp.js] (webpack)-dev-server/client/utils/reloadApp.js 1.59 KiB {ma
in} [built]
[./node_modules/webpack-dev-server/client/utils/sendMessage.js] (webpack)-dev-server/client/utils/sendMessage.js 402 byte
s {main} [built]
[./node_modules/webpack/hot sync ^\.\/log$] (webpack)/hot sync nonrecursive ^\.\/log$ 170 bytes {main} [built]
[./src/hello.js] 166 bytes {main} [built]
[./src/index.js] 104 bytes {main} [built]
    + 19 hidden modules
 [wdm]: Compiled successfully.
```

图 7-18　执行结果

执行上述命令后，将自动打开 http://localhost:8088/页面。

4．使用 loaders

loaders 是 webpack 最强大的功能之一，通过不同的 loader，webpack 有能力调用外部的脚本或工具，实现对不同格式的文件的处理，包括把 scss 转为 css，将 ES6、ES7 等语法转化为当前浏览器能识别的语法，将 JSX 转化为 JS 等多项功能。loaders 需要单独安装并且需要在 webpack.config.js 中的 modules 配置项下进行配置。

如果要加载一个 css 文件，需要安装配置 style-loader 和 css-loader，在当前项目目录下的命令行窗口中执行“npm install style-loader css-loader –save-dev”命令完成安装 loader，并在 webpack.config.js 配置文件中添加 loader 属性。

【示例 7-15】　在 webpack.config.js 配置文件中设置 loader。

```
1.  // webpack.config.js
2.  module.exports = {
3.      entry: __dirname + "/src/index.js", // 入口文件
4.      output: {
5.          path: __dirname + "/dist", //打包后的文件存放的地方
6.          filename: "bundle.js" //打包后输出文件的文件名
7.      },
8.      devServer: {
9.          contentBase: "./dist", // 本地服务器所加载文件的目录
10.         port: "8088",   // 设置端口号为 8088
```

```
11.             inline: true, // 文件修改后实时刷新
12.             historyApiFallback: true, //不跳转
13.     },
14.     module: {
15.         rules: [
16.             {
17.                 test: /\.css$/,    // 正则匹配以.css 结尾的文件
18.                 use: ['style-loader', 'css-loader']  // 需要用的 loader，一定
    是这个顺序，因为调用 loader 是从右往左编译的
19.             }
20.         ]
21.     }
22. }
```

在项目目录下的 src 文件夹下新建 css 文件夹，并新建 style.css 文件。

【示例 7-16】 style.css 文件内容。

```
1. /* style.css */
2. body {
3.     background: gray;
4. }
```

【示例 7-17】 在 index.js 文件中引用 style.css 文件后的内容。

```
1. //index.js
2. import './css/style.css';  //导入 css
3.
4. const hello = require('./hello.js');
5. document.querySelector("#root").appendChild(hello());
```

这时执行命令“npm run dev”，会发现页面的背景变成了灰色，表示 css 文件打包成功。更多 loader 的使用请参考相关 webpack 教材，使用方法都是一样的。

5．使用插件

插件（plugins）是用来拓展 webpack 功能的，它们会在整个构建过程中生效，执行相关的任务。

loaders 和 plugins 常常被弄混，但是它们其实是完全不同的概念。loaders 是在打包构建过程中用来处理源文件的（JSX、Scss、Less 等），一次处理一个，插件并不直接操作单个文件，它直接对整个构建过程产生作用。

使用插件，需要通过 NPM 进行安装，然后在 webpack.config.js 配置文件的 plugins（是一个数组）配置项中添加该插件的实例。

在上述项目中使用一开始创建好的 index.html 文件，而且是手动引入 bundle.js 的，如果以后要引入多个 js 文件，而且需要更改 js 的文件名，此时需要手动更改 index.html 中的 js

文件名。因此，有没有方法能够自动生成 index.html 且自动引用打包后的 js 呢？HtmlWebpackPlugin 插件就可以用来解决这个问题。

首先在项目目录下执行命令“npm install html-webpack-plugin –save-dev”来完成该插件的安装。然后对项目结构进行一些更改：

（1）将 dist 文件夹删除。

（2）在 src 文件夹下新建一个“index.template.html”文件模板，其内容如下：

```
1.  <!-- index.template.html -->
2.  <!DOCTYPE html>
3.  <html lang="en">
4.    <head>
5.      <meta charset="utf-8">
6.      <title>模板文件</title>
7.    </head>
8.    <body>
9.      <div id='root'>
10.     </div>
11.   </body>
12. </html>
```

【示例 7-18】 在 webpack.config.js 中引入 HtmlWebpackPlugin 插件，并配置引用设置的模板。

```
1.  // webpack.config.js
2.  const path = require('path');  // 引入路径处理模块，无须安装
3.  const HtmlWebpackPlugin = require('html-webpack-plugin'); // 引入 Html-
    WebpackPlugin 插件
4.
5.  module.exports = {
6.      entry: path.join(__dirname, "/src/index.js"), // 入口文件
7.      output: {
8.          path: path.join( __dirname, "/dist"), //打包后的文件存放的地方
9.          filename: "bundle.js" //打包后输出文件的文件名
10.     },
11.     devServer: {
12.         contentBase: "./dist", // 本地服务器所加载文件的目录
13.         port: "8088",   // 设置端口号为 8088
14.         inline: true, // 文件修改后实时刷新
15.         historyApiFallback: true, //不跳转
16.     },
```

```
17.     module: {
18.         rules: [
19.             {
20.                 test: /\.css$/,    // 正则匹配以.css 结尾的文件
21.                 use: ['style-loader', 'css-loader']  // 需要用的 loader，一定
是这个顺序，因为调用 loader 是从右往左编译的
22.             }
23.         ]
24.     },
25.     plugins: [
26.         new HtmlWebpackPlugin({
27.             template: path.join(__dirname, "/src/index.template.html")// 新建
一个该插件的实例，并传入相关的参数
28.         })
29.     ]
30. }
```

使用“npm run build”命令进行打包，此时将会发现，在 dist 文件夹下会自动生成 html 文件和 bundle.js 文件，执行结果如图 7-19 所示。

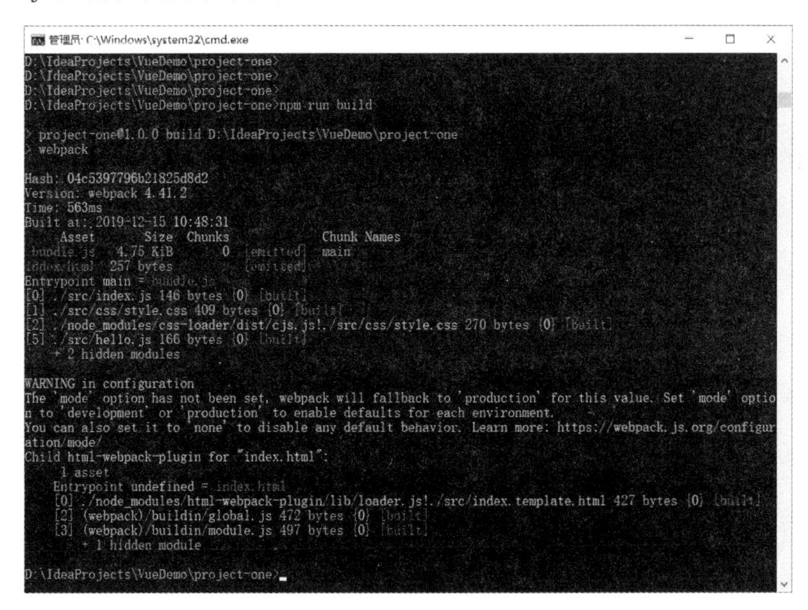

图 7-19　执行结果

因为在 output 出口配置项中定义了出口文件所在的位置为 dist 文件夹，且出口文件名为 bundle.js，所以 HtmlWebpackPlugin 会自动在 index.html 中引用名为 bundle.js 的文件，如果已经在 webpack.config.js 文件中更改了出口文件名，index.html 中也会自动更改该文件名。

更多插件的使用请参考相关 webpack 教材，使用方法都是一样的。

6. 使用热更新

热更新（HotModuleReplacementPlugin，HMR）是一个很实用的插件，可以在修改代码后自动刷新预览效果。

因为 HotModuleReplacementPlugin 是 webpack 模块自带的，在引入 webpack 后，在 plugins 配置项中直接使用即可，并需要在 devServer 配置项中添加 hot: true 参数。

【示例 7-19】 为项目添加热更新功能。

```
1. // webpack.config.js
2. const path = require('path');  // 引入路径处理模块，无须安装
3. const webpack = require('webpack');  //引入 webpack 模块，无须安装
4. const HtmlWebpackPlugin = require('html-webpack-plugin'); // 引入 Html-
   WebpackPlugin 插件
5.
6. module.exports = {
7.     entry: path.join(__dirname, "/src/index.js"), // 入口文件
8.     output: {
9.         path: path.join( __dirname, "/dist"), //打包后的文件存放的地方
10.        filename: "bundle.js" //打包后输出文件的文件名
11.    },
12.    devServer: {
13.        contentBase: "./dist", // 本地服务器所加载文件的目录
14.        port: "8088",   // 设置端口号为 8088
15.        inline: true, // 文件修改后实时刷新
16.        historyApiFallback: true, //不跳转
17.        hot: true // 热更新
18.    },
19.    module: {
20.        rules: [
21.            {
22.                test: /\.css$/,    // 正则匹配以.css 结尾的文件
23.                use: ['style-loader', 'css-loader']  // 需要用的 loader，一定
   是这个顺序，因为调用 loader 是从右往左编译的
24.            }
25.        ]
26.    },
27.    plugins: [
28.        new HtmlWebpackPlugin({
29.            template: path.join(__dirname, "/src/index.template.html")// 新建
   一个该插件的实例，并传入相关的参数
30.        }),
31.        new webpack.HotModuleReplacementPlugin() // 热更新插件
32.    ]
33. }
```

此时重新启动项目“npm run dev”后，修改 hello.js 文件的内容，会发现浏览器预览效果会自动刷新。

上述为 webpack 的基本使用方法，更多 webpack 的使用请参考相关 webpack 教材，这里不再一一讲解。

7. webpack 与 Vue-CLI 的关系

Vue-CLI 服务是构建于 webpack 和 webpack-dev-server 之上的。它包含：

（1）加载其他 CLI 插件的核心服务；

（2）一个针对绝大部分应用优化过的内部的 webpack 配置；

（3）项目内部的 vue-cli-service 命令，提供 serve、build 和 inspect 命令。

在上面使用 Vue-CLI 创建项目并通过命令运行 Vue 项目，实际上是通过 webpack 生效的，Vue-CLI 只是把 webpack 复杂的命令简化而已。

后续的 Vue 示例中，一般都使用 Vue-CLI 来创建 Vue 项目。

在使用 Vue-CLI 创建的 Vue 项目的 src 目录下，可以发现源文件的后缀是.vue，它是 Vue 单文件，不能直接被浏览器执行，需要先把.vue 文件打包为.js 文件才能使用，在 webpack 中使用 vue-loader 就可以对.vue 文件进行处理。

7.2.4 开发工具

WebStorm 是 JetBrains 公司开发的一款 JavaScript 开发工具。WebStorm 是专用于 Web 开发的编辑器，界面美观大方，有黑、白和经典三大主题可选。

1. 安装 WebStorm

在 WebStorm 官网下载安装包，并安装 WebStorm 软件。

2. 使用 WebStorm

运行 WebStrom 软件后，第一次运行 WebStrom 软件会打开项目新建窗口，选择“Open”打开上面使用 webpack 创建的项目文件夹即可，如图 7-20 所示。

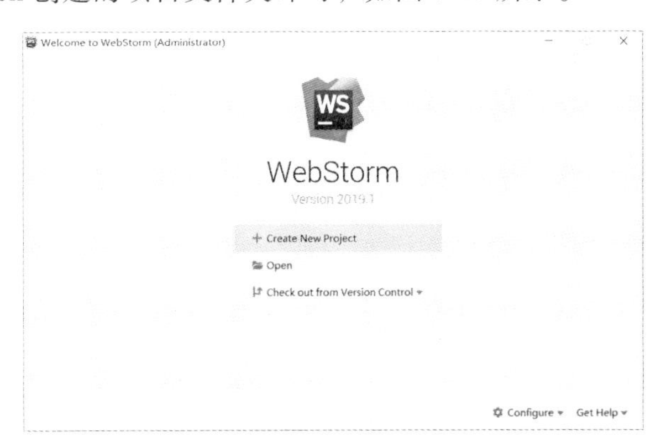

图 7-20　软件界面

更多 WebStorm 的使用请参考官方使用文档。

本书后续的 Vue 项目都使用 WebStrom 开发工具完成。

7.3 Vue 插件

7.3.1 插件简介

Vue 提供了插件机制，可以在全局添加一些功能。它们可以简单到几个方法、属性，也可以很复杂。插件的功能范围没有严格的限制，一般有以下几种：

（1）添加全局方法或者属性。

（2）添加全局资源：指令、过滤器、过渡等。

（3）通过全局混入来添加一些组件选项。

（4）添加 Vue 实例方法，通过把它们添加到 Vue.prototype 上进行实现。

（5）提供一个 Vue 库，提供自己的 API，同时提供上面提到的一个或多个功能。

1．注册插件

注册插件需要一个公开的方法 install()。这个方法的第一个参数是 Vue 构造器，第二个参数是一个可选的选项对象。

【示例 7-20】 注册插件。

```
1.  MyPlugin.install = function (Vue, options) {
2.    // 1. 添加全局方法或属性
3.    Vue.myGlobalMethod = function () {
4.      // 逻辑...
5.    }
6.
7.    // 2. 添加全局资源
8.    Vue.directive('my-directive', {
9.      bind (el, binding, vnode, oldVnode) {
10.       // 逻辑...
11.     }
12.     ...
13.   })
14.
15.   // 3. 注入组件选项
16.   Vue.mixin({
17.     created: function () {
18.       // 逻辑...
19.     }
20.     ...
21.   })
22.
```

```
23.   // 4. 添加实例方法
24.   Vue.prototype.$myMethod = function (methodOptions) {
25.     // 逻辑...
26.   }
27. }
```

2. 使用插件

通过 Vue.use() 使用插件，代码如下：

```
1. Vue.use(MyPlugin)
2. //或
3. Vue.use(MyPlugin, {
4.       //参数
5.  })
```

Vue.use 会自动阻止多次注册相同插件，届时即使多次调用也只会注册一次该插件。

7.3.2 Vue Router

1. 前端路由与 Vue Router

前端路由，即由前端来维护一个路由规则。前端路由实现有两种方法，一种是利用 URL 的 hash，就是常说的锚点（#），JavaScript 通过 hashChange()事件来监听 URL 的改变，IE7 及以下需要用轮询；另一种是 HTML5 的 History 模式，它使 URL 看起来像普通网站那样，以“/”分割，没有“#”，但页面并没有跳转，不过使用这种模式需要服务端支持，服务端在接收到所有的请求后，都指向同一个 HTML 文件，不然会出现 404 页面（错误页面）。因此，单页面富应用（SPA）只有一个 HTML 文件，整个网站所有的内容都在这一个 HTML 文件里，通过 JavaScript 来处理。

前端路由的优点有很多，如页面持久性，像大部分音乐网站一样，可以在播放歌曲的同时跳转到别的页面，而音乐并不会被中断。

如果要独立开发一个前端路由，需要考虑到页面的可插拔、页面的生命周期、内存管理等问题。

Vue Router 是官方的路由管理器。它与 Vue 的核心深度集成，让构建单页面应用变得易如反掌。它包含的功能有：

（1）嵌套的路由/视图表；
（2）模块化的、基于组件的路由配置；
（3）路由参数、查询、通配符；
（4）基于 Vue 过渡系统的视图过渡效果；
（5）细粒度的导航控制；
（6）带有自动激活的 CSS class 的链接；
（7）HTML5 历史模式或 hash 模式，在 IE9 中自动降级；
（8）自定义的滚动条行为。

前面已经介绍了通过 is 特征来实现动态组件的方法，Vue Router 的实现原理与之类似，路由不同的页面事实上就是动态加载不同的组件。

在 Vue 项目中使用它，必须通过 Vue.use()明确地安装路由功能，具体语法如下：

```
1.  import Vue from 'vue'
2.  import VueRouter from 'vue-router'
3.
4.  Vue.use(VueRouter)
```

2．Vue Router 用法

首先使用 Vue CLI 新建一个 Vue 项目并命名为 router-demo，进入项目目录后再通过 NPM 来安装 Vue Router 插件，执行以下指令：

```
1.  #创建 Vue 项目
2.  vue create router-demo
3.  #进入项目目录
4.  cd router-demo
5.  #安装 Vue Router 插件
6.  npm install vue-router --save-dev
```

创建 Vue 项目并添加 Vue Router 插件后的项目目录结构如图 7-21 所示。

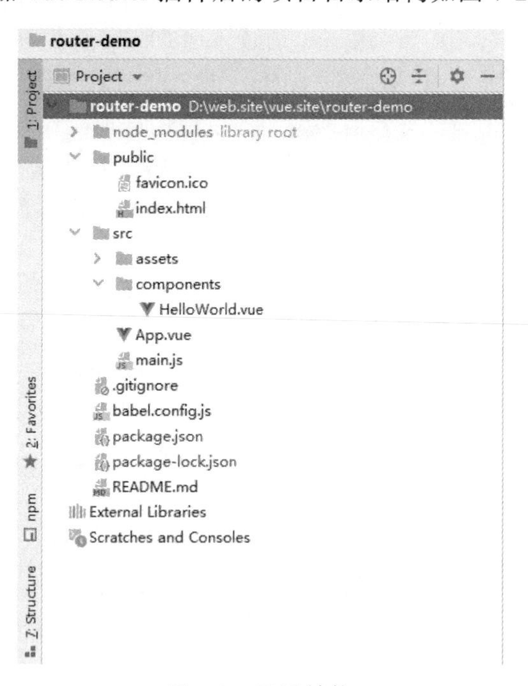

图 7-21 目录结构

在 Vue 项目中，每个页面对应一个组件，比如上述 components 目录下的 HelloWorld.vue 就是一个默认生成的组件。在 router-demo 项目中，可以删除 HelloWorld.vue 文件，并在 components 目录下新建两个文件，分别为 page1.vue 和 page2.vue 两个文件。

【示例 7-21】 page1.vue 文件的内容。

```
1.  <template>
2.      <div>
3.          <h1>page1</h1>
4.          <p>{{msg}}</p>
5.      </div>
6.  </template>
7.  <script>
8.      export default {
9.          data () {
10.             return {
11.                 msg: "我是 page1 组件"
12.             }
13.         }
14.     }
15. </script>
```

【示例 7-22】 page2.vue 文件的内容。

```
1.  <template>
2.      <div>
3.          <h1>page2</h1>
4.          <p>{{msg}}</p>
5.      </div>
6.  </template>
7.  <script>
8.      export default {
9.          data () {
10.             return {
11.                 msg: "我是 page2 组件"
12.             }
13.         }
14.     }
15. </script>
```

在 src 目录下新建 router 文件夹，并在它下面新建 router.js 文件，将路由配置信息写在 router.js 文件中。

【示例 7-23】 router.js 文件的内容。

```
1.  //引入 vue
2.  import Vue from 'vue';
```

```
3. //引入 vue-router
4. import VueRouter from 'vue-router';
5. //第三方库需要 use 一下才能用
6. Vue.use(VueRouter)
7.
8. //引用 page1 页面
9. import page1  from '../components/page1.vue';
10. //引用 page2 页面
11. import page2  from '../components/page2.vue';
12.
13. //定义 routes 路由的集合，数组类型
14. const routes=[
15.     //单个路由均为对象类型，path 代表路径，component 代表组件
16.     {path:'/page1',component:page1},
17.     {path:"/page2",component:page2},
18.     //配置默认重定向页面
19.     {path:'',redirect:"page1"}
20. ]
21.
22. //实例化 VueRouter 并将 routes 添加进去
23. const router=new VueRouter({
24.     routes:routes
25. });
26.
27. //抛出这个实例对象方便外部读取及访问
28. export default router
```

修改后的项目文件结构如图 7-22 所示。

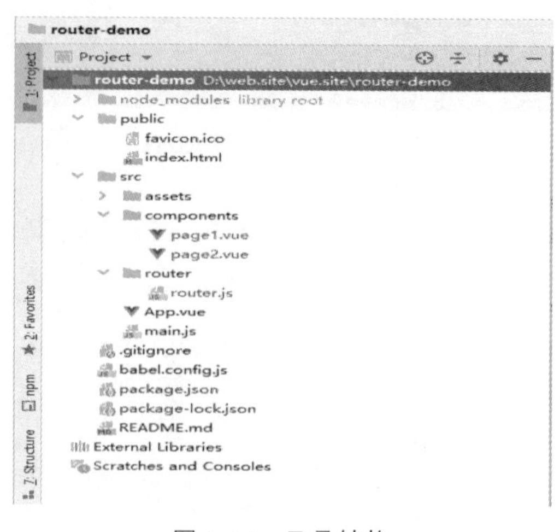

图 7-22　目录结构

还需要修改 main.js 文件，将路由注入 Vue 的实例对象上。

【示例 7-24】 main.js 文件注入路由后的内容。

```
1.  import Vue from 'vue'
2.  import App from './App.vue'
3.  //引用 router.js
4.  import router from './router/router.js'
5.
6.  Vue.config.productionTip = false
7.
8.  new Vue({
9.      //注入 Vue 的实例对象上
10.     router,
11.     render: h => h(App),
12. }).$mount('#app')
```

最后，修改 App.vue 文件，添加页面链接。

【示例 7-25】 App.vue 文件添加两个链接后的内容。

```
1.  <template>
2.    <div id="app">
3.      <img alt="Vue logo" src="./assets/logo.png">
4.      <div>
5.        <!--router-link 定义页面中点击触发部分-->
6.        <router-link to="/page1">页面 1</router-link>
7.        <router-link to="/page2">页面 2</router-link>
8.        <!--router-view 定义页面中显示部分-->
9.        <router-view></router-view>
10.     </div>
11.   </div>
12. </template>
13. <script>
14. export default {
15.   name: 'app'
16. }
17. </script>
18. <style>
19. ...
20. </style>
```

在命令行窗口中执行“npm run serve”命令，运行 Vue 项目并浏览页面，打开地址

“http://localhost:8080/”就会发现具有路由导航链接的页面，如图 7-23 所示。

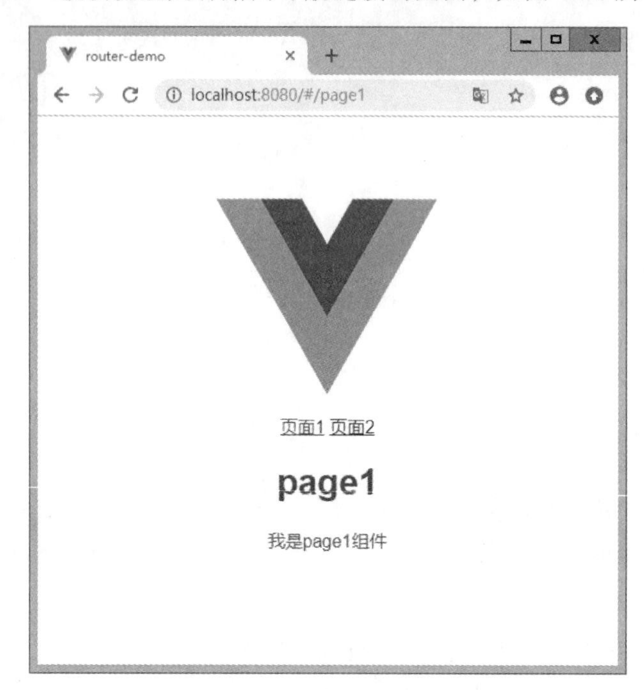

图 7-23 页面浏览

点击页面中的“页面 1”和“页面 2”链接，将会实现加载不同组件的功能。

上述示例中，使用<router-link>来实现组件导航，通过它的“to”属性指定链接，<router-link>默认会被渲染成一个<a>标签。<router-view>为路由视图，它是路由出口，将路由匹配到的组件渲染到这里。

3．动态路由

我们经常需要把某种模式匹配到的所有路由全都映射到同个组件。例如，有一个 User 组件，如果所有 ID 不同的用户都要使用这个组件来渲染，那么就可以在 vue-router 的路由路径中使用“动态路径参数”(dynamic segment) 来达到这个效果。

【示例 7-26】 实现“动态路径参数”。

```
1.  const User = {
2.      template: '<div>User:  {{ $route.params.id }}</div>'
3.  }
4.
5.  const router = new VueRouter({
6.      routes: [
7.         // 动态路径参数以冒号开头
8.         { path: '/user/:id', component: User }
9.      ]
10. })
```

现在，/user/foo 和 /user/bar 都将映射到相同的路由。

“路径参数”使用冒号(“:”)标记，当匹配到一个路由时，参数值会被设置到 $route.params，它可以在每个组件内使用，如示例 7-26 所示，可以更新 User 的模板，输出当前用户的 ID。

可以在一个路由中设置多段“路径参数”，对应的值都会设置到 $route.params 中，见表 7-1。

表 7-1　HTML 语言的发展过程

模　式	匹配路径	$router.params
/user/:username	/user.evan	{username:’evan’}
/user/:username/post/:post_id	/user/evan/post/123	{username:’evan’,post_id:’123’}

注意，当使用路由参数时，例如从/user/foo 导航到/user/bar，原来的组件实例会被复用。因为两个路由都渲染同个组件，比起销毁再创建，复用则显得更加高效。不过，这也意味着组件的生命周期钩子不会再被调用。复用组件时，如果想对路由参数的变化作出响应，可以简单地 watch（监听）$route.param 对象或者使用 beforeRouteUpdate 守卫。

4. 嵌套路由

实际项目中的应用界面，通常由多层嵌套的组件组合而成。同样地，URL 中各段动态路径也按某种结构对应嵌套的各层组件，使用嵌套路由配置，就可以很简单地表达这种关系。

在嵌套的出口中渲染组件，需要在 VueRouter 的参数中使用 children 选项，像 routes 一样配置路由数组，所以可以嵌套多层路由。

【示例 7-27】　在 User 组件中嵌套路由。

```
1.  const User = {
2.    template: `
3.      <div>
4.        <h2>User: {{ $route.params.id }}</h2>
5.        <router-view></router-view>
6.      </div>
7.  }
8.
9.  const router = new VueRouter({
10.   routes: [
11.     { path: '/user/:id', component: User,
12.       children: [
13.         {
14.           // 当 /user/:id/profile 匹配成功，
15.           // UserProfile 会被渲染在 User 的 <router-view> 中
16.           path: 'profile',
17.           component: UserProfile
```

```
18.         },
19.         {
20.           // 当 /user/:id/posts 匹配成功
21.           // UserPosts 会被渲染在 User 的 <router-view> 中
22.           path: 'posts',
23.           component: UserPosts
24.         }
25.       ]
26.     }
27.   ]
28. })
```

当访问/user/foo 时，如果 User 组件没有渲染任何东西，这是因为没有匹配到合适的子路由。当访问/user/foo/profile 时，它会匹配到 UserProfile 组件，并且$route.params.id 的值为 foo，同理，当访问/user/abc/posts 时，它会匹配到 UserPosts 组件，并且$route.params.id 的值为 abc。

5．编程式导航

在 Vue Router 中，除了使用<router-link>创建<a>标签来定义导航链接，还可以用 router 实例的方法实现路由，语法如下：

（1）声明式：

<router-link :to="…"></router-link>

（2）编程式：

router.push(location)

Vue Router 的导航方法除了 router.push(location)外，还有 router.replace(location)和 router.go(n)方法。router.replace 跟 router.push 很像，唯一的不同就是，它不会向 history 添加新记录，而是跟它的方法名一样只是替换掉当前的 history 记录。router.go(n)的参数是一个整数，意思是在 history 记录中向前或者后退多少步，类似 window.history.go(n)。

【示例 7-28】 router.push 编程式导航写法。

```
1.  //router.push 的参数可以是一个字符串路径，或者一个描述地址的对象：
2.
3.  // 字符串
4.  router.push('home')
5.
6.  // 对象
7.  router.push({ path: 'home' })
8.
9.  // 命名的路由
10. router.push({ name: 'user', params: { userId: 123 }})
```

```
11.
12. // 带查询参数，变成 /register?plan=private
13. router.push({ path: 'register', query: { plan: 'private' }})
14.
15. const userId = '123'
16. router.push({ name: 'user', params: { userId }}) // -> /user/123
17. router.push({ path: `/user/${userId}` }) // -> /user/123
18.
19. // 如果提供了 path，params 会被忽略
20. router.push({ path: '/user', params: { userId }}) // -> /user
21.
22. //router.go(n)的参数是一个整数，在 history 记录中向前或者后退多少步，类
    似 window.history.go(n)
23.
24. // 前进一步，等同于 history.forward()
25. router.go(1)
26.
27. // 后退一步，等同于 history.back()
28. router.go(-1)
29.
30. // 前进 3 步
31. router.go(3)
```

6. 命名视图

有时我们想同时展示多个视图（<router-view>），而不是嵌套视图，这时需要对<router-view>进行命名，如果<router-view>没有设置名字，那么默认名字为 default。

一个视图使用一个组件渲染，因此对于同个路由多个视图就需要多个组件（components）。

【示例 7-29】 命名视图。

```
1.  #模板定义
2.  <router-view ></router-view>
3.  <router-view name="a"></router-view>
4.  <router-view name="b"></router-view>
5.
6.  //路由定义
7.  const router = new VueRouter({
8.    routes: [
9.      {
10.       path: '/',
11.       components: {
```

```
12.        default: Index,
13.        a: Page1,
14.        b: Page2
15.      }
16.    }
17.  ]
18. })
```

上述代码中，定义了 3 个视图，分别命名为 default（默认）、a 和 b，在加载组件时依次对应命名视图的组件为 Index、Page1 和 Page2。当然，也可能使用命名视图创建嵌套视图的复杂布局，这时需要命名用到的嵌套 router-view 组件。对于嵌套视图在此不再举例。

7．重定向与别名

重定向：例如/a 重写向到/b 时，当用户访问/a 时，URL 将会被替换成/b，然后匹配路由为/b。

别名：例如/a 的别名是/b 时，当用户访问/b 时，URL 会保持为/b，但是路由匹配则为/a，就像用户访问/a 一样。

【示例 7-30】 重定向与别名的使用。

```
1. const router = new VueRouter({
2.   routes: [
3.    //重定向
4.   { path: '/a', redirect: '/b' },  //重定向到另一个路由，比如/a 重定向到/b
5.   { path: '/a', redirect: { name: 'foo' }},   //重定向到另一个命名的路由，例如
   /a 重定向到一个命名的路由 foo
6.      //重定向到一个方法，动态返回重定向目标
7.      { path: '/a', redirect: to => {
8.        // 方法接收目标路由作为参数
9.        // return 重定向的字符串路径/路径对象
10.     }},
11.   //别名
12.  { path: '/a', component: A, alias: '/b' } //  /a 替换为/b 并匹配路由/b
13.  ]
14. })
```

8．导航守卫

在实际项目中，有时候需要在路由跳转前做一些验证或提示，如登录验证、离开提示等都是网站中的普遍需求。vue-router 提供的导航守卫主要用来通过跳转或取消的方式守卫导航，有多种机会植入路由导航过程中：全局的、单个路由独享的或者组件级的。

注意，参数或查询的改变并不会触发进入/离开的导航守卫。

（1）全局前置守卫。

router.beforeEach：当一个导航触发时，全局前置守卫按照创建顺序调用。使用示例如下：

```
1. const router = new VueRouter({ ... })
2.
3. router.beforeEach((to, from, next) => {
4.   // ...
5. })
```

（2）全局解析守卫。

router.beforeResolve 与 router.beforeEach 类似，区别是在导航被确认之前，在所有组件内守卫和异步路由组件被解析之后，解析守卫就被调用。使用示例如下：

```
1. const router = new VueRouter({ ... })
2.
3. router.beforeResolve((to, from, next) => {
4.   // ...
5. })
```

（3）路由独享的守卫。

可以在路由配置上直接定义 beforeEnter 守卫。使用示例如下：

```
1. const router = new VueRouter({
2.   routes: [
3.     {
4.       path: '/foo',
5.       component: Foo,
6.       beforeEnter: (to, from, next) => {
7.         // ...
8.       }
9.     }
10.   ]
11. })
```

（4）组件内的守卫。

可以在路由组件内直接定义以下路由导航守卫：beforeRouteEnter、beforeRouteUpdate 和 beforeRouteLeave。

使用示例如下：

```
1. const Foo = {
2.   template: `...`,
3.   beforeRouteEnter (to, from, next) {
4.     …
5.   },
6.   beforeRouteUpdate (to, from, next) {
7.     …
```

```
8.    },
9.    beforeRouteLeave (to, from, next) {
10.      …
11.    }
12. }
```

7.4 Vuex 状态管理

7.4.1 Vuex 简介

前面章节在介绍非父子组件（即跨级组件和兄弟组件）通信时，使用了 Bus（中央事件总线）的一个方法，用来触发和接收事件，进一步起到通信的作用。Vuex 解决的问题与 Bus 类似，使用 Vuex 可以更好地管理和维护整个项目的组件状态。

Vuex 是一个专为 Vue 应用程序开发的状态管理模式。它采用集中式存储管理应用所有组件的状态，并以相应的规则保证状态以一种可预测的方式发生变化。

Vuex 中有默认的 5 种基本对象：

State：存储状态（变量）。

Getters：对数据获取之前的再次编译，可以理解为 state 的计算属性，在组件中使用$sotre.getters.fun()。

Mutations：修改状态，并且是同步的，在组件中使用$store.commit('...',params)。这个与组件中的自定义事件类似。

Actions：异步操作，在组件中使用$store.dispath('')。

Modules：store 的子模块，为了开发大型项目，方便状态管理而使用的。

每一个 Vuex 应用的核心就是 store（仓库）。store 基本上就是一个容器，它包含着应用中大部分的状态（state）。

Vuex 与单纯的全局对象有以下两点不同：

（1）Vuex 的状态存储是响应式的。当 Vue 组件从 store 中读取状态时，若 store 中的状态发生变化，那么相应的组件也会相应地得到高效更新。

（2）不能直接改变 store 中的状态。改变 store 中的状态的唯一途径就是显式地提交(commit) mutation，这样便可以方便地跟踪每一个状态的变化。

Vuex 的工作流程如图 7-24 所示。

Vuex 的工作流程描述如下：

（1）数据从 state 中渲染到组件；

（2）在组件中通过 dispatch 来触发 action；

（3）action 通过调用 commit 来触发 mutation；

（4）mutation 用来更改数据，数据变更之后会触发 dep 对象的 notify，通知所有 watcher 对象去修改对应视图（Vue 的双向数据绑定原理）。

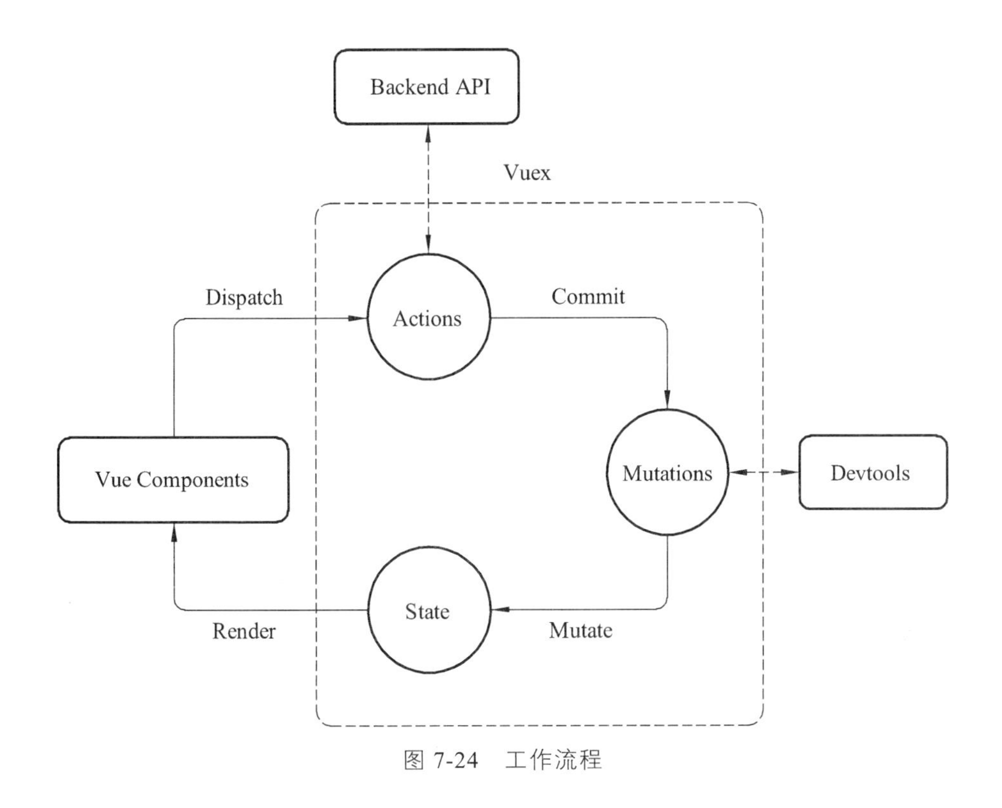

图 7-24　工作流程

7.4.2　Vuex 的基本用法

本节是在 7.3 节的 router-demo 项目基础之上进行开发演示 Vuex 的使用。

首先在 router-demo 项目目录下的命令行窗口中执行命令“npm install vuex --save”来完成 Vuex 的安装。然后在项目的 src 文件夹下新建一个 store 目录，并创建 store.js 文件来保存 Vuex 状态数据，新建完成后的项目目录结构如图 7-25 所示。

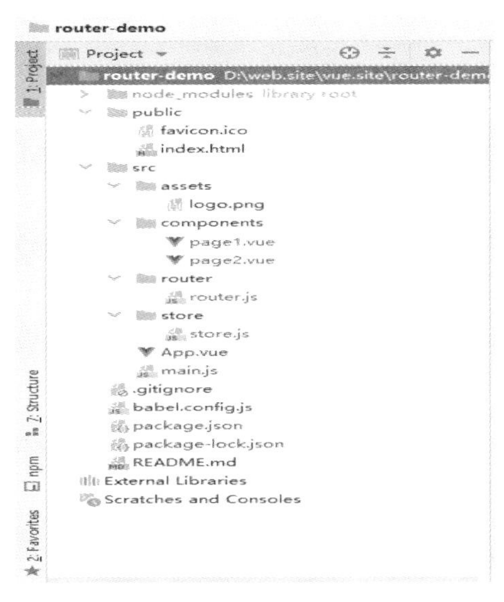

图 7-25　目录结构

【示例 7-31】 store.js 文件中的内容。

```
1.  //引入 vue
2.  import Vue from 'vue';
3.  //引入 vuex
4.  import Vuex from 'vuex';
5.
6.  //使用 vuex
7.  Vue.use(Vuex)
8.
9.  //创建 Vuex 实例
10. const store=new Vuex.Store({
11.
12. })
13.
14. //导出 store
15. export default store
```

【示例 7-32】 main.js 文件中的内容。

```
1.  import Vue from 'vue'
2.  import App from './App.vue'
3.  //引用 router.js
4.  import router from './router/router.js'
5.  //引用 store.js
6.  import store from './store/store.js'
7.
8.  Vue.config.productionTip = false
9.
10. new Vue({
11.     //注入 Vue 的实例对象上
12.     router,
13.     store,
14.     render: h => h(App),
15. }).$mount('#app')
```

至此，已经完成了 Vuex 环境的搭建，下面将对 Vuex 的状态数据操作进行详细讲解。

1．State

state 是 Vuex 中的数据源，需要保存的数据就保存在 state 中，在任何组件中可以直接通过 this.$store.state 来获取我们定义的数据。

【示例 7-33】 在 store.js 中定义计数器 count，其初始值为 1。

```
1. const store=new Vuex.Store({
2.     state:{
3.         count:1
4.     }
5. })
```

在任何组件内，可以直接通过$store.state.count 读取值，如果直接写在 template 里会显得有点凌乱，因此可以使用一个计算属性来显示。下面分别对组件 page1.vue 和 page2.vue 进行修改，以显示计算器 count 的值。

【示例 7-34】 page1.vue 文件的内容。

```
1. <template>
2.     <div>
3.         <h1>page1</h1>
4.         <p>{{msg}}</p>
5.         <p>计数器：{{count}}</p>
6.     </div>
7. </template>
8. <script>
9.     export default {
10.        data () {
11.            return {
12.                msg: "我是 page1 组件"
13.            }
14.        },
15.        computed:{
16.            count(){
17.                return this.$store.state.count;
18.            }
19.        }
20.    }
21. </script>
```

组件 page2.vue 的修改内容类似于组件 page1.vue，在这里就不再列出。在浏览器中打开“http://localhost:8080”就可以看到计数器的值，执行结果如图 7-26 所示。

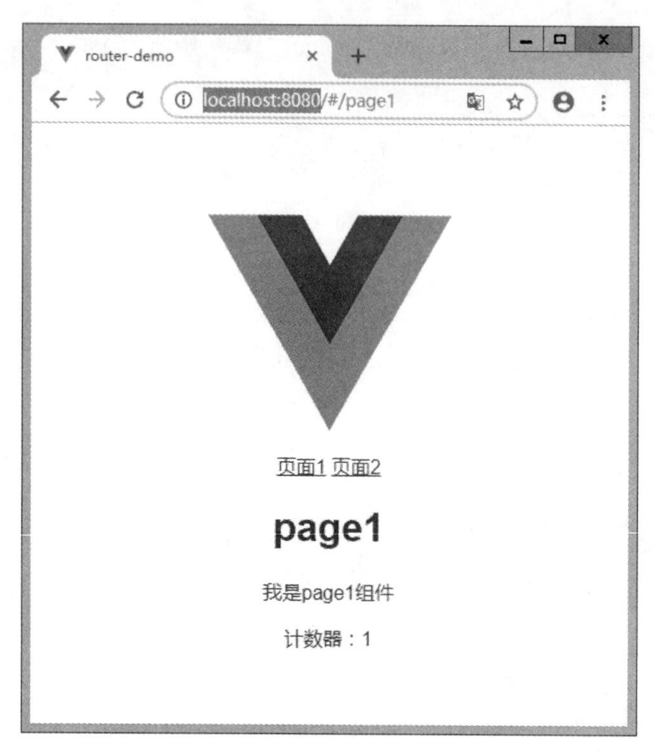

图 7-26　执行结果

当一个组件需要获取多个状态时，将这些状态都声明为计算属性会有些重复和冗余。为了解决这个问题，我们可以使用 mapState 辅助函数来生成计算属性。当映射的计算属性的名称与 state 的子节点名称相同时，也可以给 mapState 传一个字符串数组，示例代码如下：

```
1. //mapState 辅助函数
2. export default {
3.   // ...
4.   computed: mapState({
5.     // 箭头函数可使代码更简练
6.     count: state => state.count
7.   })
8. }
9.
10. //计算名称与 state 的名称相同时,直接给 mapState 传一个字符串数组
11. computed: mapState([
12.   // 映射 this.count 为 store.state.count
13.   'count'
14. ])
```

mapState 函数返回的是一个对象。如何将它与局部计算属性混合使用呢？通常，需要使用一个工具函数将多个对象合并为一个，然后将最终对象传给 computed 属性。但是自从有

了对象展开运算符，便可以极大地简化写法。

【示例 7-35】 组件 page2.vue 添加 mapState。

```
1. <template>
2. <div>
3.     <h1>page2</h1>
4.     <p>{{msg}}</p>
5.     <p>计数器：{{localCount}}</p>
6.     <p>计数器 2：{{count}}</p>
7. </div>
8. </template>
9. <script>
10.
11. //  引入 mapState 方法
12. import {mapState } from 'vuex'
13.
14. export default {
15.   data () {
16.         return {
17.             msg: "我是 page2 组件"
18.         }
19.     },
20.     computed:{
21.         // 使用对象展开运算符将此对象混入外部对象中
22.         ...mapState([
23.             'count'
24.         ]),
25.         //局部计算属性
26.         localCount(){
27.             return this.$store.state.count;
28.         }
29.     }
30. }
31. </script>
```

在浏览器中打开“http://localhost:8080”，执行结果如图 7-27 所示。

2．Getters

getter 相当于 Vue 中的 computed 计算属性，getter 的返回值会根据它的依赖被缓存起来，且只有当它的依赖值发生了改变才会被重新计算。可以通过定义 Vuex 的 getter 来获取、监听 state 中的值的变化，返回计算后的结果。

图 7-27 执行结果

getter 会暴露为$store.getters 对象，可以以属性的形式访问这些值，例如上述计数器可以使用“$store.getters.getStateCount”来访问。

【示例 7-36】 在 store.js 中为计数器设置 getter 属性。

```
1.  const store=new Vuex.Store({
2.      state:{
3.          count:1
4.      },
5.      getters:{
6.          getStoreCount:function(state){
7.              return state.count*2;
8.          }
9.      }
10. })
```

上述代码中，通过 getter 对计数器进行计算（乘 2）再返回值。

【示例 7-37】 在组件 page1.vue 中使用 getter 属性访问计数器。

```
1.  <template>
2.      <div>
```

```
3.          <h1>page1</h1>
4.          <p>{{msg}}</p>
5.          <p>计数器：{{count}}</p>
6.      </div>
7.  </template>
8.  <script>
9.      export default {
10.         data () {
11.             return {
12.                 msg: "我是 page1 组件"
13.             }
14.         },
15.         computed:{
16.             count(){
17.                 return this.$store.getters.getStoreCount;
18.             }
19.         }
20.     }
21. </script>
```

上述代码中，在组件 page1.vue 中通过$store.getters.getStoreCount 访问计数器，而在 page2.vue 中使用$store.state.count 访问计数器，结果相差 2 的倍数。

getter 可以接受其他 getter 作为第二个参数，也可以通过让 getter 返回一个函数，来实现给 getter 传参。getter 在通过方法访问时，每次都会去进行调用，而不会缓存结果。

而 mapGetters 辅助函数仅仅是将 store 中的 getter 映射到局部计算属性。

【示例 7-38】 在组件 page1.vue 中使用 mapGetters。

```
1.  <template>
2.      <div>
3.          <h1>page1</h1>
4.          <p>{{msg}}</p>
5.          <p>计数器：{{count}}</p>
6.          <p>计数器 2：{{getStoreCount}}</p>
7.      </div>
8.  </template>
9.  <script>
10.     //引入 mapGetters 方法
11.     import {mapGetters } from 'vuex'
12. 
13.     export default {
```

```
14.         data () {
15.             return {
16.                 msg: "我是 page1 组件"
17.             }
18.         },
19.         computed:{
20.             // 使用对象展开运算符将 getter 混入 computed 对象中
21.             ...mapGetters([
22.                 'getStoreCount'
23.             ]),
24.             count(){
25.                 return this.$store.getters.getStoreCount;
26.             }
27.         }
28.     }
29. </script>
```

在浏览器中打开“http://localhost:8080”，执行结果如图 7-28 所示。

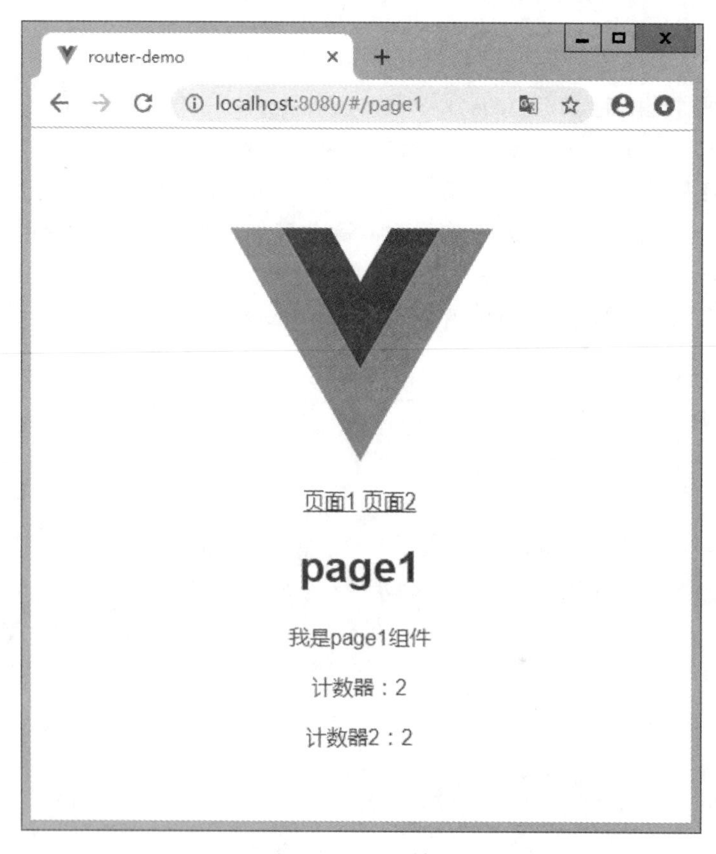

图 7-28　执行结果

3．Mutations

更改 Vuex 的 store 中的状态的唯一方法是提交 mutation。Vuex 中的 mutation 非常类似于事件：每个 mutation 都有一个字符串的事件类型（type）和一个回调函数（handler）。这个回调函数就是实际进行状态更改的地方，并且它会接受 state 作为第一个参数。

【示例 7-39】 在 store.js 中添加两个 mutation 来对计数器进行操作。

```
1. const store=new Vuex.Store({
2.     state:{
3.         count:1
4.     },
5.     getters:{
6.         getStoreCount:function(state){
7.             return state.count*2;
8.         }
9.     },
10.    mutations: {
11.        // 计数器值加 1
12.        increment:function(state) {
13.            state.count++
14.        },
15.        // 计数器值减 1
16.        decrement:function(state) {
17.            state.count--
18.        }
19.    }
20. })
```

注意：不能直接调用一个 mutation，需要调用$store.commit()方法来调用 mutation，具体代码为“store.commit('increment')”。

可以向 store.commit()传入额外的参数，即 mutation 的载荷（payload）。

【示例 7-40】 在 store.js 中添加一个 mutation 的载荷。

```
1. mutations: {
2.     // 计数器值加 1
3.     increment:function(state) {
4.         state.count++
5.     },
6.     // 计数器值减 1
7.     decrement:function(state) {
8.         state.count--
```

```
9.      },
10.     //计数器加 n
11.     incrementBy:function(state,n){
12.         state.count += n
13.     }
14. }
```

可以通过“store.commit(incrementBy, 10)”代码提交载荷。在大多数情况下，载荷应该是一个对象，这样可以包含多个字段并且记录的 mutation 会更易读。

可以在组件中使用 this.$store.commit('xxx')提交 mutation，或者使用 mapMutations 辅助函数将组件中的 methods 映射为 store.commit()调用。

【示例 7-41】 在组件 page1.vue 中添加修改计数器值的功能。

```
1.  <template>
2.  <div>
3.    <h1>page1</h1>
4.      <p>{{msg}}</p>
5.      <p>计数器：{{count}}</p>
6.      <p>计数器 2：{{getStoreCount}}</p>
7.      <p>
8.          <button @click="increment">加 1</button>
9.          <button @click="decrement">减 1</button>
10.         <button @click="incrementBy(10)">加 10</button>
11.     </p>
12. </div>
13. </template>
14. <script>
15. //引入 mapGetters,mapMutations 方法
16. import {mapGetters,mapMutations } from 'vuex'
17.
18. export default {
19.     ...
20.     methods: {
21.         // 使用对象展开运算符
22.         ...mapMutations([
23.          'increment',
24.         //将`this.increment()`映射为`this.$store.commit('increment')`
25.         'decrement',
26.         //将`this.decrement()` 映射为`this.$store.commit('decrement')`
27.         // `mapMutations` 也支持载荷：
```

```
28.          'incrementBy'
29.         //将`this.incrementBy(n)`映射为
30.         //`this.$store.commit('incrementBy', n)`
31.          ])
32.     }
33. }
34. </script>
```

在浏览器中打开“http://localhost:8080”，执行结果如图 7-29 所示。

图 7-29　执行结果

4．Actions

Action 类似于 mutation，不同之处在于：

（1）Action 提交的是 mutation，而不是直接变更状态。

（2）Action 可以包含任意异步操作。

Action 函数接受一个与 store 实例具有相同方法和属性的 context 对象，因此可以调用 context.commit 提交一个 mutation，或者通过 context.state 和 context.getters 来获取 state 和 getters。

【示例 7-42】　在 store.js 中的 mutation 实现 action 函数。

```
1.  const store=new Vuex.Store({
2.      ...
3.      ations:{
4.          increment(context){
```

```
5.             context.commit("increment")
6.         },
7.         decrement(context){
8.             context.commit("decrement")
9.         },
10.        incrementBy(context,n){
11.            context.commit("incrementBy",n)
12.        }
13.    }
14. })
```

在组件中，可以使用$store.dispatch('xxx')分发 action，当然也可以使用载荷形式和对象形式进行分发 action，示例代码如下：

```
1. // 以载荷形式分发
2. store.dispatch('incrementAsync', {
3.   n: 10
4. })
5.
6. // 以对象形式分发
7. store.dispatch({
8.   type: 'incrementAsync',
9.   n: 10
10. })
```

使用 mapActions 辅助函数将组件的 methods 映射为 store.dispatch 调用。

【示例 7-43】 在组件 page2.vue 中使用 mapActions 辅助函数。

```
1. <template>
2.     <div>
3.         <h1>page2</h1>
4.         <p>{{msg}}</p>
5.         <p>计数器：{{localCount}}</p>
6.         <p>计数器 2：{{count}}</p>
7.         <p>
8.             <button @click="increment">加 1</button>
9.             <button @click="decrement">减 1</button>
10.            <button @click="incrementBy(10)">加 10</button>
11.        </p>
12.    </div>
13. </template>
14. <script>
```

```
15.
16.     //  引入 mapState,mapActions 方法
17.     import {mapState,mapActions } from 'vuex'
18.
19.     export default {
20.        ...
21.         methods: {
22.             // 使用对象展开运算符
23.             ...mapActions([
24.                 'increment', // 将 `this.increment()` 映射
   为 `this.$store.dispatch('increment')`
25.                 'decrement', // 将 `this.decrement()` 映射
   为 `this.$store.dispatch('decrement')`
26.                 // `mapActions` 也支持载荷：
27.                 'incrementBy' // 将 `this.incrementBy(n)` 映射
   为 `this.$store.dispatch('incrementBy', n)`
28.             ])
29.         }
30.     }
31. </script>
```

在浏览器中打开“http://localhost:8080”，执行结果如图 7-30 所示。

图 7-30　执行结果

5．Module

由于使用单一状态树，应用的所有状态会集中到一个比较大的对象。当应用变得非常复杂时，store 对象就有可能变得相当臃肿。

为了解决以上问题，Vuex 允许将 store 分割成模块（module）。每个模块拥有自己的 state、mutation、action、getter，甚至是嵌套子模块——从上至下进行同样方式的分割。

【示例 7-44】 Vuex 分割成模块。

```
1. const moduleA = {
2.   state: { ... },
3.   mutations: { ... },
4.   actions: { ... },
5.   getters: { ... }
6. }
7.
8. const moduleB = {
9.   state: { ... },
10.  mutations: { ... },
11.  actions: { ... }
12. }
13.
14. const store = new Vuex.Store({
15.   modules: {
16.     a: moduleA,
17.     b: moduleB
18.   }
19. })
20.
21. store.state.a // -> moduleA 的状态
22. store.state.b // -> moduleB 的状态
```

关于 Module 的详细使用请参考官方文档或其他教材。

7.5 本章小结

本章介绍了 Vue 的高级功能，包括 Vue 路由和 Vuex 状态的使用，同时也介绍了基于 NPM 开发 Vue 项目的相关技术，包括 Node.js、Vue CLI（脚手架）、Webpack 及开发工具 WebStorm 等。通过本章的学习，要求学生能够在 NPM 下快速开发 Vue 项目，并正确理解 Vue 路由及 Vuex 状态的用法与原理。

第 8 章　实战项目——简单记事本

8.1　项目准备

8.1.1　构建 Vue 项目

在构建 Vue 项目之前，应确认已经安装了 Node.js、NPM 和 Vue CLI 环境。在 Vue 环境下，通过 Cmd 窗口进入一个项目目录（如 D:\vue.site），并执行“vue create vue-memo”命令来创建 vue-memo 项目，在这里我们选择“default(babel, eslint)”默认选项并按回车，如图 8-1 所示。

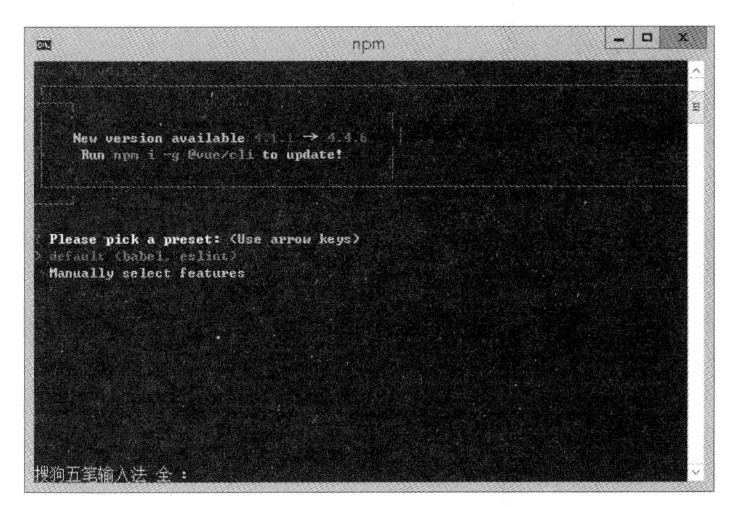

图 8-1　选择配置

等待项目创建完成后，按照它给出的命令依次执行“cd vue-memo”和“npm run serve”，最后通过“http://127.0.0.1:8080/”就可以直接访问页面了，如图 8-2 所示。

为了快速实现项目功能，在此项目中使用了 Ant Design Vue 组件（常用组件）、Vue-Layer 组件（弹窗组件）和 Vue-Waterfall2 组件（瀑布流组件），在项目目录下通过 NPM 安装以上组件的指令为：

```
> npm i --save ant-design-vue
>npm i --save vue-layer
>npm i --save vue-waterfall2@latest
```

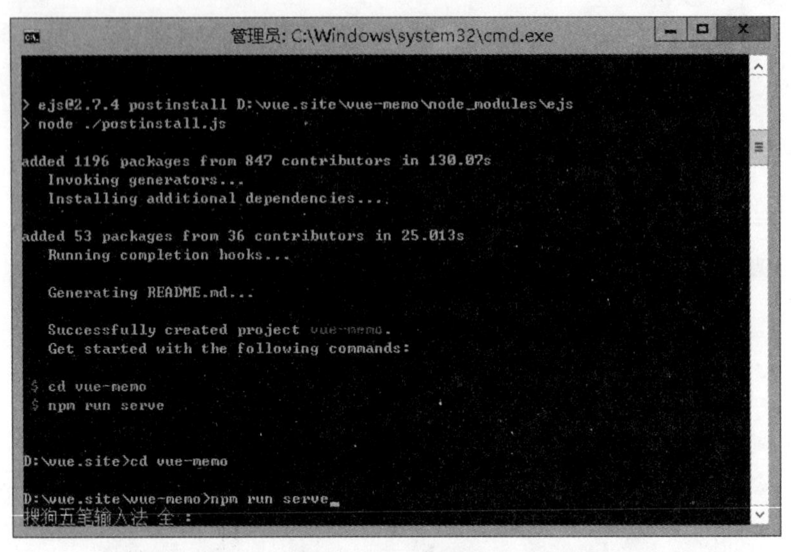

图 8-2 执行命令

安装完成组件后，打开项目中的 main.js 文件进行配置全局组件。

【示例 8-1】 全局组件配置代码。

```
1.  import Vue from 'vue'
2.  import Antd from 'ant-design-vue'
3.  import App from './App'
4.  import 'ant-design-vue/dist/antd.css'
5.  import waterfall from 'vue-waterfall2'
6.  import layer from 'vue-layer'
7.  import 'vue-layer/lib/vue-layer.css'
8.
9.  Vue.config.productionTip = false
10. Vue.use(Antd)
11. Vue.use(waterfall)
12. Vue.prototype.$layer = layer(Vue)
13.
14. Vue.prototype.$layer = layer(Vue, {
15.   msgtime: 3,//目前只有一项，即 msg 方法的默认消失时间，单位：秒
16. })
17.
18. new Vue({
19.   render: h => h(App),
20. }).$mount('#app')
```

以上准备工作完成后，就可以开始编写项目的具体实现代码了。

8.1.2　功能设计

基于 Vue 的记事本应用将实现以下功能：

（1）列表显示记事本信息；

（2）通过弹窗实现增加、删除、编辑笔记；

（3）按类别（全部、工作、生活、学习）显示笔记列表；

（4）对笔记的所有操作保存在 LocalStorage 中（本地存储）。

8.1.3　实现效果

通过开发工具 WebStrom 打开项目文件夹，最终项目的文件结构如图 8-3 所示。

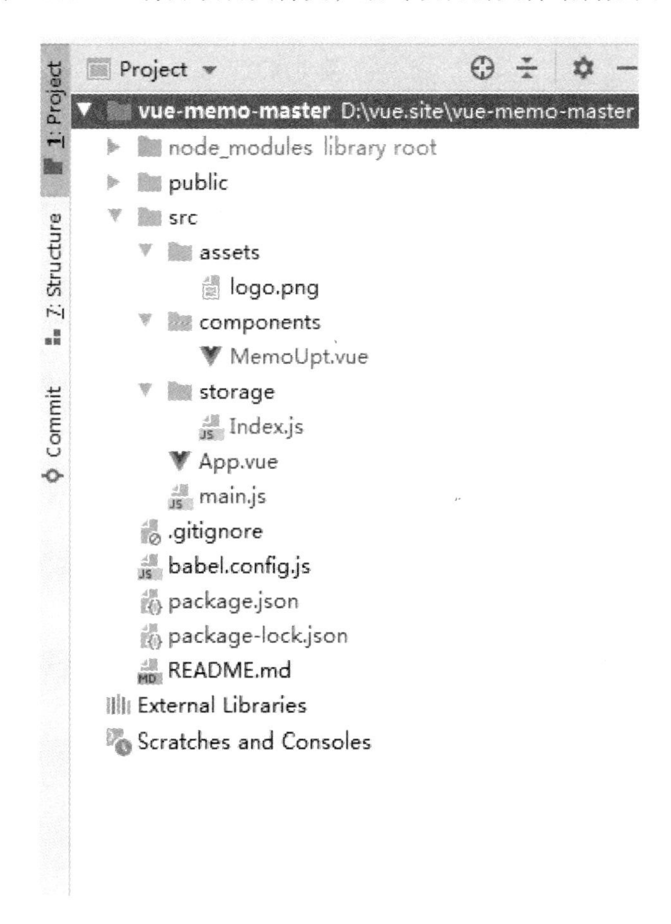

图 8-3　目录结构

最终效果如图 8-4 所示。

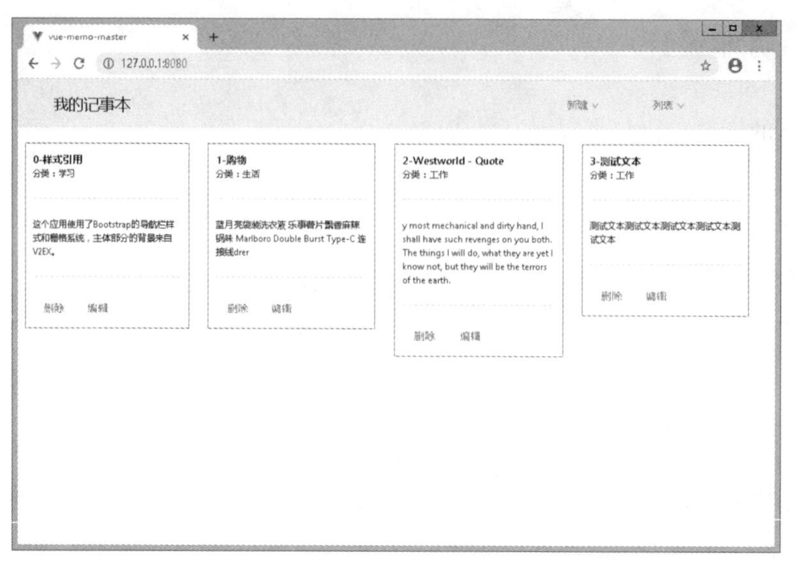

图 8-4　最终效果

8.2　项目实现

8.2.1　首页布局

打开 App.vue 文件来实现首页布局。首页可以使用 Ant Design Vue 的 Layout 来进行布局，分为头部区和内容区。在头部区中分别包括左侧 Logo、右侧的下拉菜单（<a-dropdown>）“新建”和“列表”菜单，在内容区中使用瀑布流组件（vue-waterfall2）实现记事本的列表显示。以下代码为 App.vue 文件的<template>部分代码。

【示例 8-2】　App.vue 中的 html 代码。

```
1. <template>
2.   <div id="components-layout-demo-basic">
3.     <a-layout><a-layout-header>
4.     <a-row><a-col :span="18"><h1>我的记事本</h1></a-col>
5.     <a-col :span="3"><a-dropdown>
6.     <a class="ant-dropdown-link">新建<a-icon type="down" /></a>
7.     <a-menu slot="overlay">
8.     <a-menu-item><a href="javascript:;" @click="addMemo()">新建记事本</a></a-
   menu-item></a-menu>
9.     </a-dropdown></a-col>
10.    <a-col :span="3">
11.    <a-dropdown><a class="ant-dropdown-link">列表<a-icon type="down" /></a>
12.    <a-menu slot="overlay">
```

```
13.     <a-menu-item><a href="javascript:;" @click="filterBy('全部')">全部列表
   </a></a-menu-item>
14.     <a-menu-item><a href="javascript:;" @click="filterBy('工作')">工作分类
   </a></a-menu-item>
15.     <a-menu-item><a href="javascript:;" @click="filterBy('生活')">生活分类
   </a></a-menu-item>
16.     <a-menu-item><a href="javascript:;" @click="filterBy('学习')">学习分类
   </a></a-menu-item>
17.     </a-menu></a-dropdown></a-col></a-row>
18.     </a-layout-header>
19.     <a-layout-content>
20.     <waterfall :col="col" :width="itemWidth" :gutterWidth="gutter-
   Width" :data="data">
21.     <template>
22.     <div class="cell-item" v-for="(item,in-
   dex) in data" :key="item.timeStamp">
23.     <div class="item-body">
24.     <div class="item-title">{{index}}-{{item.title}}</div>
25.     <div class="cate">分类：{{item.categoryId}}</div><a-divider />
26.     <div class="item-desc"><div class="content">{{item.con-
   tent}}</div></div>
27.     <a-divider /><div class="item-footer">
28.     <a-button type="link" @click="delMemo(item)">删除</a-button>
29.     <a-button type="link" @click="edtMemo(item)">编辑</a-button>
30.     </div></div></div>
31.     </template>
32.     </waterfall>
33.     </a-layout-content></a-layout></div>
34. </template>
```

代码中的 Ant Design Vue 组件和<waterfall>组件可以直接使用，因为已经在 main.js 文件中进行了全局注册。

以下为 js 代码，主要引入了自定义组件、记事本的数据、定义常用的增删改等方法。

【示例 8-3】 App.vue 中的 js 代码。

```
1.  <script>
2.  import memoUpt from "./components/MemoUpt.vue";//引入自定义组件
3.  import storeUtil from "./storage/Index";
4.  let store = storeUtil.store;
```

```
5. export default {
6.   name: "App",
7.   data() {
8.     return {
9.     //列表数据
10.      data: [],
11.      col: 5
12.    };
13.  },
14.  mounted () {
15.    this.bindMemo()
16.  },
17.  computed: {
18.    itemWidth() {
19.      return 138 * 0.5 * (document.documentElement.clientWidth / 375);
20.    },
21.    gutterWidth() {
22.      return 9 * 0.5 * (document.documentElement.clientWidth / 375);
23.    }
24.  },
25.  methods: {
26.    bindMemo(){//绑定记事本
27.        this.data=store.memos
28.    },
29.    filterBy (categoryId) {
30.    },
31.    addMemo() { //新建记事本
32.    },
33.    edtMemo(item) {//编辑记事本
34.    },
35.    delMemo(item) {//删除记事本
36.    }
37.  }
38. };
39. </script>
```

【示例 8-4】 App.vue 中的样式文件。

```
1. <style scoped>
2. #components-layout-demo-basic {
```

```
3.   text-align: left;
4. }
5. #components-layout-demo-basic .ant-layout-header {
6.   background: #ebf2f7;
7.   color: #fff;
8. }
9. #components-layout-demo-basic .ant-layout-content {
10.   background: #fff;
11.   color: #fff;
12.   min-height: 120px;
13. }
14.
15. .cell-item {
16.   margin: 20px 0 20px 10px;
17.   padding: 10px;
18.   color: black;
19.   border: 1px solid gray;
20. }
21.
22. .item-body {
23.   margin: 0;
24.   padding: 0;
25. }
26. .item-title {
27.   font-size: 14px;
28.   font-weight: 600;
29. }
30. .item-desc {
31.   font-size: 12px;
32. }
33. .cate {
34.   font-size: 12px;
35. }
36. </style>
```

8.2.2 数据本地存储

为了方便读取与存储记事本的数据，项目中使用 LocalStorage 技术来保存数据。新建 storage/index.js 文件中定义一个 Memo 类和 VueMemoStore 类，Memo 主要定义了记事本的基本属性，而 VueMemoStore 中定义了方法，包括 loadFromLocalStorage（加载）、saveToLocalStorage（存储）、add（新建）、remove（删除）、update（更新）和 init（初始化）方法，最后通过暴露在 App.vue 文件中直接调用方法。Memo 类的具体代码如下。

【示例 8-5】 storage/index.js 文件的代码。

```
1. class Memo {
2.   constructor(obj) {
3.     // 1 工作 2 生活 3 学习
4.     this.categoryId = obj.categoryId;
5.     // 20 字符内的字符串
6.     this.title = obj.title;
7.     // 0 文字
8.     this.type = obj.type;
9.     // 类别为文字时，字符串；为涂鸦时，imageData
10.    this.content = obj.content;
11.    // 创建时的时间戳（#为了以 json 保存，转换为字符串）
12.    this.timeStamp = toReadableDate(Date.parse(new Date()));
13.    // 默认未完成
14.    this.isCompleted = false;
15.    // 修改是否完成（受涂鸦内容的影响）
16.    this.modificationDone = true;
17.  }
18. }
```

VueMemoStore 类的具体代码如下。

【示例 8-6】 storage/index.js 文件的代码。

```
1. class VueMemoStore {
2.   constructor () {
3.     this.memos = [];
4.   }
5.   loadFromLocalStorage () {
6.     this.memos = JSON.parse(localStorage.getItem('store')).memos;
7.   }
8.   saveToLocalStorage () {
9.     // imgData 加载完成后再进行保存
10.    let allModificationDoneFlag = setInterval(() => {
11.      if (!this.memos.some((item) => {
12.        return item.modificationDone === false;
13.      })) {
14.        clearInterval(allModificationDoneFlag);
```

```
15.         localStorage.setItem('store', JSON.stringify(this));
16.       }
17.     }, 10);
18.   }
19.   add (memo) {
20.     this.memos.push(memo);
21.   }
22.   remove (memo) {
23.     this.memos.splice(this.memos.indexOf(memo), 1);
24.   }
25.   update (memo, newMemo) {
26.     this.memos.splice(this.memos.indexOf(memo), 1, newMemo);
27.   }
28.   init () {
29.
30.   }
31. }
```

最后将上面的两个类进行对外暴露即可。

8.2.3 记事本的新增与编辑

项目中通过自定义一个组件，利用 vue-layer 弹窗组件打开自定义组件实现记事本的新增与编辑功能。

新建一个文件 component/MemoUpt.vue，其布局为一个包括标题、分类和内容的表单，点击提交时根据当前状态来实现新增或者更新功能，在这些组件中定义了一个属性 memoObj，用以接收首页的参数，如果 memoObj 为 null，则为新增记事本，否则为更新记事本。<template>具体代码如下。

【示例 8-7】 自定义组件的 html 代码。

```
1.  <template>
2.    <a-form-model class="wrapbox" :model="form" :label-
    col="labelCol" :wrapper-col="wrapperCol">
3.      <br />
4.      <a-form-model-item label="标题">
5.        <a-input v-model="form.title" />
6.      </a-form-model-item>
7.      <a-form-model-item label="分类">
8.        <a-select v-model="form.categoryId" placeholder="请选择分类">
9.          <a-select-option value="工作">工作</a-select-option>
```

```
10.           <a-select-option value="生活">生活</a-select-option>
11.           <a-select-option value="学习">学习</a-select-option>
12.         </a-select>
13.       </a-form-model-item>
14.       <a-form-model-item label="内容">
15.         <a-textarea v-model="form.content" placeholder="请输入文本内容
    " :rows="10" />
16.       </a-form-model-item>
17.       <a-form-model-item :wrapper-col="{ span: 14, offset: 4 }">
18.         <a-button type="primary" @click="onSubmit">保存</a-button>
19.         <a-button style="margin-left: 10px;" @click="onCancel">取消</a-
    button>
20.       </a-form-model-item>
21.     </a-form-model>
22. </template>
```

【示例 8-8】 自定义组件的 js 代码。

```
1.  <script>
2.  import storeUtil from "../storage/Index";
3.  let store = storeUtil.store;
4.  let Memo = storeUtil.Memo;
5.  export default {
6.    props: {
7.      memoObj: { type: Object,default: null }
8.    },
9.    methods: {
10.     onSubmit() {
11.       if (this.memoObj == null) {
12.         store.add( new Memo({
13.             categoryId: this.form.categoryId,
14.             title: this.form.title,
15.             type: 0,
16.             content: this.form.content
17.           })
18.         );
19.         store.saveToLocalStorage();
20.       } else {
21.         let agentMemo = new Memo({
22.           categoryId: this.form.categoryId,
```

```
23.             title: this.form.title,
24.             type: 0,
25.             content: this.form.content,
26.             timeStamp: this.memoObj.timeStamp,
27.             isCompleted: this.memoObj.isCompleted
28.           });
29.           store.update(this.memoObj, agentMemo);
30.           store.saveToLocalStorage();
31.         }
32.         this.$parent.bindMemo();
33.         this.$layer.close(this.layerid);
34.       },
35.       onCancel() {
36.         this.$layer.close(this.layerid);
37.       }
38.     }
39. };
40. </script>
```

8.2.4 记事本的删除与分类

记事本在删除之前须进行确认，确定删除通过操作组件完成。

【示例 8-9】 删除记事本的代码。

```
1.  delMemo(item) {
2.          this.$layer.confirm("确定要删除吗？", layerid => {
3.            store.remove(item);
4.            store.saveToLocalStorage();
5.            this.$layer.close(layerid);
6.          });
7.        }
```

记事本的分类列表，需要根据用户点击的分类对数据进行过滤并重新绑定即可。

【示例 8-10】 过滤记事本的代码。

```
1.  filterBy (categoryId) {
2.        let result = [];
3.        if(categoryId==='全部'){
4.          this.bindMemo();
5.        }else{
6.          //按条件过滤
```

```
7.        result=store.memos.filter((item)=>{
8.
9.          let matchesQuery = false;
10.         if(item.categoryId===categoryId){
11.           matchesQuery=true;
12.         }
13.         return matchesQuery;
14.       });
15.       this.data=result;
16.     }
17.   }
```

8.2.5 项目打包

项目的所有代码调试通过后，最后一步就是对项目打包，生成生产环境下的文件，具体操作步骤：在项目目录下执行“npm run build”命令完成打包，会在项目根目录下生成一个目录 dist，此目录下的文件即为可在生产环境下使用的打包文件。

8.3 本章小结

本章介绍了一个实战项目，通过运用前面章节所学的知识点来设计、实现一个简单记事本的功能，要求记事本能够实现添加、删除、编辑、列表和分类功能。在开发此项目的过程中，不仅要求运用前面的知识，而且要求熟悉一个 Web 项目的开发过程。通过本章的学习，要求学生能够开发完成具有一定难度的 Web 前端项目。

参考文献

[1] 李刚. 疯狂 HTML5+CSS3+JavaScript 讲义[M]. 北京：电子工业出版社，2017.

[2] 未来科技. HTML5+CSS3+JavaScript 从入门到精通[M]. 北京：中国水利水电出版社，2017.

[3] 洛伊安妮·格罗纳. 学习 JavaScript 数据结构与算法[M]. 北京：人民邮电出版社，2019.

[4] 刘刚. JavaScript 程序设计基础教程[M]. 北京：人民邮电出版社，2019.

[5] 张兵义，张连堂，张红娟. Web 前端开发实例教程——HTML5+CSS3+ JavaScript[M]. 北京：电子工业出版社，2017.

[6] 储久良. Web 前端开发技术——HTML5、CSS3、JavaScript[M]. 北京：清华大学出版社，2018.

[7] 陈陆扬. Vue.js 前端开发 快速入门与专业应用[M]. 北京：人民邮电出版社，2017.

[8] 梁颖. Vue.js 实战[M]. 北京：清华大学出版社，2017.

[9] 刘博文. 深入浅出 Vue.js[M]. 北京：人民邮电出版社，2019.

[10] 胡同江. Vue.js 从入门到项目实战[M]. 北京：清华大学出版社，2019.

[11] 张帆. Vue.js 项目开发实战[M]. 北京：机械工业出版社，2018.